Sammlung
mathematischer Formeln

Herausgegeben von

FRITZ WESTRICH

Mit 69 Abbildungen

11. Auflage

München 1951

J. LINDAUER VERLAG (SCHAEFER)

VERLAG VON R. OLDENBOURG

Zum Gebrauch an den höheren Lehranstalten ministeriell genehmigt

Alle Rechte bei J. Lindauer Verlag (Schaefer)

Fritz Westrich, Direktor des O. v. Miller-Polytechnikums,
Akademie für angew. Technik, München
Geboren am 28. 2. 1886 zu Landstuhl/Pfalz

Satz, Druck und Bindearbeiten:
Dr. F. P. Datterer & Cie. - Inhaber Sellier - Freising

Vorwort zur 11. Auflage

Die Formelsammlung wurde vollständig überarbeitet. verbessert und erweitert, soweit dies als notwendig erschien. Anregungen aus Fachkreisen konnte weitgehend entsprochen werden.

Wie bei den vorangegangenen zwei Auflagen wirkten mit die Herren: Dr. Ludwig Baumgartner, Dr. Friedrich Nikol, Dr. Richard Vogel und Dr. Karl Popp.

Allen Mitarbeitern sei herzlichst gedankt, auch dem Verlag für die gute Ausstattung.

München, Juli 1951

Fritz Westrich

Inhalt

I. Algebra

A. Verhältnisgleichungen

Wenn $a : b = c : d$, so ist $a \cdot d = b \cdot c$

ferner $\qquad (a \pm b) : a = (c \pm d) : c$

oder $\qquad (a \pm b) : b = (c \pm d) : d$

und $\qquad (a + b) : (a - b) = (c + d) : (c - d)$.

B. Umwandlungen

1. $(a + b)^2 = a^2 + 2ab + b^2$

   $(a - b)^2 = a^2 - 2ab + b^2$

   $(a + b)^3 = a^3 + 3a^2b + 3ab^2 + b^3$

   $(a - b)^3 = a^3 - 3a^2b + 3ab^2 - b^3$

2. $a^2 - b^2 = (a + b)(a - b)$

   $a^3 + b^3 = (a + b)(a^2 - ab + b^2)$

   $a^3 - b^3 = (a - b)(a^2 + ab + b^2)$

   $a^n - b^n = (a - b)(a^{n-1} + a^{n-2}b + a^{n-3}b^2 +$
   $\qquad \dots + ab^{n-2} + b^{n-1})$

   $a^{2n+1} + b^{2n+1} = (a + b)(a^{2n} - a^{2n-1}b + a^{2n-2}b^2 -$
   $\qquad \dots - ab^{2n-1} + b^{2n})$

3. $(a + b + c)^2 = a^2 + b^2 + c^2 + 2ab + 2ac + 2bc$

4. Mittelwerte für a und b:

   a) Arithmetisches Mittel $\quad m_1 = \dfrac{a + b}{2}$

   b) Geometrisches Mittel $\quad m_2 = \sqrt{a \cdot b}$

   c) Harmonisches Mittel $\quad m_3 = \dfrac{2ab}{a + b}$

   $$\text{oder} \quad \frac{1}{m_3} = \frac{1}{2}\left(\frac{1}{a} + \frac{1}{b}\right)$$

Mittelwerte für n Größen $a_1, a_2, a_3 \ldots, a_n$:

a) Arithmetisches Mittel $m_1 = \dfrac{a_1 + a_2 + a_3 + \ldots + a_n}{n}$

b) Geometrisches Mittel $m_2 = \sqrt[n]{a_1 \cdot a_2 \cdot a_3 \ldots a_n}$

c) Harmonisches Mittel $\dfrac{1}{m_3} = \dfrac{1}{n}\left(\dfrac{1}{a_1} + \dfrac{1}{a_2} + \dfrac{1}{a_3} + \ldots + \dfrac{1}{a_n}\right)$

$$m_1 \geqq m_2 \geqq m_3 .$$

5. Potenzen:

$a^n = a \cdot a \cdot a \ldots a$ (n Faktoren); dabei ist a die Grundzahl (Basis); n die Hochzahl (der Exponent); a^n der Potenzwert.

Es ist $\qquad a^n \cdot a^m = a^{n+m}$

$$\frac{a^n}{a^m} = a^{n-m} = \frac{1}{a^{m-n}} .$$

Also ergibt sich für $m - n = r$ folgende Erklärung einer Potenz mit negativer Hochzahl:

$$a^{-r} = \frac{1}{a^r} .$$

Für $n = m$ folgt die Erklärung $a^0 = 1$.

Ferner ist $\qquad (a \cdot b)^n = a^n \cdot b^n$

$$\left(\frac{a}{b}\right)^n = \frac{a^n}{b^n}$$

$$(a^n)^m = a^{n \cdot m} .$$

6. Wurzeln.

a) $\sqrt[n]{a}$ ist durch die Erklärung (Definition) $\left(\sqrt[n]{a}\right)^n = a$ gegeben. Nach 5. ist auch $\left(a^{\frac{1}{n}}\right)^n = a$; also ist zu setzen $a^{\frac{1}{n}} = \sqrt[n]{a}$ (Erklärung einer Potenz mit gebrochener Hochzahl).

Dabei ist a die Wurzelgrundzahl (der Radikand); n die Wurzelhochzahl (der Wurzelexponent); $\overset{n}{\sqrt{a}}$ der Wurzelwert.

b) Aus den Formeln von 5. und 6. folgt

$$\sqrt[n]{a^n} = \left(\sqrt[n]{a}\right)^n = a; \qquad \sqrt[n]{a^m} = \left(\sqrt[n]{a}\right)^m = a^{\frac{m}{n}}$$

$$\sqrt[n]{a} \cdot \sqrt[m]{a} = \sqrt[nm]{a^{m+n}}; \qquad \frac{\sqrt[n]{a}}{\sqrt[m]{a}} = \sqrt[nm]{a^{m-n}}$$

$$\sqrt[n]{a \cdot b} = \sqrt[n]{a} \cdot \sqrt[n]{b}; \qquad \sqrt[n]{\frac{a}{b}} = \frac{\sqrt[n]{a}}{\sqrt[n]{b}}$$

$$\sqrt[n]{\sqrt[m]{a}} = \sqrt[nm]{a} = \sqrt[m]{\sqrt[n]{a}}.$$

c) Einige wichtige Umformungen:

$$a\sqrt[n]{b} = \sqrt[n]{a^n \cdot b}; \qquad \frac{a}{\sqrt{b}} = \frac{a\sqrt{b}}{b}$$

$$\frac{a}{\sqrt{b} + \sqrt{c}} = \frac{a(\sqrt{b} - \sqrt{c})}{b - c}.$$

7. Logarithmen.

a) Erklärung:

$^b\lg a$ ist die Zahl, mit der man b potenzieren muß, um a zu erhalten; also ist

$$b^{\,^b\lg a} = a.$$

Dabei heißt b die Grundzahl (Basis); a der Logarithmand; $^b\lg a$ der Logarithmus (die Hochzahl).

Ist $b = 10$, so ist $^{10}\lg a$ der künstliche oder gemeine Logarithmus (Briggsscher Logarithmus) von a; man schreibt ihn kurz $\lg a$.

Ist $b = e = 2{,}71828\ldots$, so ist $^{e}lg\,a$ der natürliche Logarithmus (logarithmus naturalis) von a, kurz geschrieben $ln\,a$.

b) Formeln:

$$^{c}lg\,(a \cdot b) = {}^{c}lg\,a + {}^{c}lg\,b \qquad\qquad ^{c}lg\,\frac{a}{b} = {}^{c}lg\,a - {}^{c}lg\,b$$

$$^{c}lg\,(a^{n}) = n\,{}^{c}lg\,a \qquad\qquad ^{c}lg\,\sqrt[n]{a} = \frac{1}{n}\,{}^{c}lg\,a$$

$$^{c}lg\,\sqrt[n]{a^{m}} = {}^{c}lg\,a^{\frac{m}{n}} = \frac{m}{n}\,{}^{c}lg\,a.$$

c) Umrechnung:

$$^{c}lg\,a = \frac{^{b}lg\,a}{^{b}lg\,c}.$$

Für $c = e$ und $b = 10$ entsteht

$$ln\,a = \frac{lg\,a}{lg\,e} = \frac{lg\,a}{0{,}43429\ldots} = 2{,}30259\ldots lg\,a = ln\,10 \cdot lg\,a.$$

C. Binomischer Satz und Anordnungslehre (Kombinatorik)

1. Der binomische Satz für ganze positive Hochzahlen:

$$(a + b)^{n} = a^{n} + \binom{n}{1} a^{n-1} b + \binom{n}{2} a^{n-2} b^{2} + \binom{n}{3} a^{n-3} b^{3} + \ldots$$

$$+ \binom{n}{k} a^{n-k} \cdot b^{k} + \ldots + \binom{n}{n-1} ab^{n-1} + b^{n} = \sum_{k=0}^{n} \binom{n}{k} a^{n-k} \cdot b^{k}.$$

Hat b einen negativen Wert, so ergeben sich die Vorzeichen $+$ und $-$ im Wechsel.

2. Die Binomial-Koeffizienten (Beizahlen oder Koeffizienten, die in der Entwicklung des obigen Satzes vorkommen) sind folgendermaßen erklärt:

$$\binom{n}{k}^{*)} = \frac{n\,(n-1) \cdot (n-2)\ldots(n-k+1)}{1 \cdot 2 \cdot 3 \ldots k}.$$

---

*) gelesen „n über k".

Statt $1 \cdot 2 \cdot 3 \cdot 4 \cdot 5 \ldots k$ hat man die Abkürzung $k!$ (gelesen „k Fakultät").

Dann gilt auch:

a) $\dbinom{n}{k} = \dfrac{n!}{k!\,(n-k)!}$

b) $\dbinom{n}{k} = \dbinom{n}{n-k}$; insbesondere: $\dbinom{n}{0} = \dbinom{n}{n} = 1$,

wenn $0! = 1$ erklärt wird.

c) $\dbinom{n}{k} + \dbinom{n}{k+1} = \dbinom{n+1}{k+1}$.

3. Das Pascalsche (Stifelsche) Zahlendreieck.

Das nachfolgende Zahlendreieck gibt für die Umwandlung von $(a+b)^n$ die Beizahlen:

Hochzahl (n)	Beizahlen (Binomialkoeffizienten):
0	1
1	1 1
2	1 2 1
3	1 3 3 1
4	1 4 6 4 1
5	1 5 10 10 5 1
.	. . . .
.	. . . .
n	$1 \; \dbinom{n}{1} \dbinom{n}{2} \cdots \dbinom{n}{n-2} \dbinom{n}{n-1} \; 1$

4. Permutationen.

a) Die Anzahl der Permutationen von n verschiedenen Elementen (Anordnungen aller Elemente in allen möglichen Aufeinanderfolgen) ist

$$P(n) = 1 \cdot 2 \cdot 3 \ldots (n-1) \cdot n = n!{}^{*})$$

---

*) gelesen: „n Fakultät".

b) Befinden sich unter n Elementen je r, s, t, ... unter
einander nicht unterscheidbare, so ist die **Anzahl der**
Permutationen (mit Wiederholung)

$$P_w\,(n) = \frac{n\,!}{r!\,s!\,t!\,\ldots}\,.$$

5. Kombinationen.

a) Die Anzahl der Kombinationen von n Elementen zur $k$ten
Klasse ohne Wiederholung (d. h. die Anzahl aller möglichen Zusammenstellungen von je k aus den n Elementen
ohne Rücksicht auf die Reihenfolge) ist

$$K\,(n,k) = \frac{n!}{k!\,(n-k)!}$$
$$= \frac{n\,(n-1)\,(n-2)\ldots(n-(k-1))}{1\,\cdot\,2\,\cdot\,3\,\ldots\,k} = \binom{n}{k}\,.$$

b) Treten im Gegensatz zu a) in den Zusammenstellungen
von je k Elementen eines oder mehrere der n Elemente
auch mehrfach auf, so heißen diese Zusammenstellungen
Kombinationen von n Elementen zur $k$ten Klasse mit
Wiederholung; ihre Anzahl ist

$$K_w(n,\,k) = \binom{n+k-1}{k}\,.$$

6. Variationen.

Die Variationen von n Elementen zur $k$ten Klasse ent-
stehen durch Permutation der k Elemente in jeder der möglichen Kombinationen von n Elementen zur $k$ten Klasse.

a) Anzahl der Variationen aus n Elementen zur $k$ten Klasse
ohne Wiederholung

$$V\,(n,k) = \binom{n}{k} \cdot k! = \frac{n!}{(n-k)!}\,;$$

b) Anzahl der Variationen aus n Elementen zur $k$ten Klasse
mit Wiederholung

$$V_w(n,\,k) = n^k\,.$$

D. Wahrscheinlichkeitsrechnung

1. Treffen auf m mögliche Fälle eines Ereignisses g günstige, so heißt $w = \frac{g}{m}$ die Wahrscheinlichkeit dafür, daß dieses günstige Ereignis eintritt. Dieses Eintreten ist für $w = 1$ gewiß, für $w > \frac{1}{2}$ wahrscheinlich, für $w = \frac{1}{2}$ zweifelhaft, für $w < \frac{1}{2}$ unwahrscheinlich und für $w = 0$ unmöglich.

Die Wahrscheinlichkeit dafür, daß das günstige Ereignis nicht eintritt, ist

$$u = \frac{m - g}{m} = 1 - w.$$

2. Bestehen für ein Ereignis E_1 bei m möglichen Fällen g_1 günstige und für ein Ereignis E_2 bei m möglichen Fällen g_2 günstige, so ist die Wahrscheinlichkeit dafür, daß entweder E_1 oder E_2 eintritt,

$$W = \frac{g_1}{m} + \frac{g_2}{m} = w_1 + w_2;$$

die Wahrscheinlichkeit dafür, daß E_1 und E_2 gleichzeitig (oder nacheinander) eintreten, ist

$$W' = w_1 \cdot w_2.$$

3. Die Wahrscheinlichkeit, daß von 2 Ereignissen E_1 und E_2 das erste eintritt, ist

$$W'' = \frac{w_1}{w_1 + w_2}.$$

4. Soll von 2 Ereignissen E_1 und E_2 das erste eintreten, nicht aber das zweite, so ist die Wahrscheinlichkeit dafür

$$W''' = w_1 (1 - w_2).$$

E. Die arithmetische und geometrische Folge und Reihe

1. Bei der arithmetischen Folge

$$a, \; a + d, \; a + 2d, \; a + 3d, \ldots$$

lautet das $n$te Glied

$$z = a + (n - 1)d.$$

2. Die arithmetische Reihe

$$a + (a + d) + (a + 2d) + \ldots + z$$

hat den Summenwert

$$s = \frac{n}{2}(a + z).$$

3. **Arithmetische Reihen höherer Ordnung.**

a) Summe der Quadratzahlen

$$\sum_{k=1}^{n} k^2 = 1^2 + 2^2 + 3^2 + \ldots + k^2 + \ldots + n^2 =$$

$$= \frac{1}{6} \cdot n \, (n + 1) \, (2n + 1);$$

b) Summe der Kubikzahlen (Würfelzahlen)

$$\sum_{k=1}^{n} k^3 = 1^3 + 2^3 + 3^3 + \ldots + k^3 + \ldots + n^3 =$$

$$= \left(\frac{n \, (n + 1)}{2} \right)^2.$$

4. Bei der geometrischen Folge

$$a, \; aq, \; aq^2, \; aq^3, \ldots$$

ist das $n$te Glied $z = a \cdot q^{n-1}.$

5. Die geometrische Reihe

$$a + aq + aq^2 \ldots + aq^{n-1}$$

hat die Summe

$$s = a \, \frac{q^n - 1}{q - 1} = a \, \frac{1 - q^n}{1 - q}.$$

6. Für die unendliche geometrische Reihe $(n \to +\infty)$ ergibt sich für den Fall, daß $|q| < 1$ ist, die Summe

$$S = \frac{a}{1-q} \cdot$$

F. Zinseszinsrechnung

Es sei a das Anfangskapital; $p\%$ der Zinsfuß, also $q = 1 + \frac{p}{100}$ der Zinsfaktor; n die Zahl der Jahre; k_n der Wert des Kapitals nach n Jahren (Endwert).

1. Endwert und Barwert eines Kapitals.

Ein Kapital a liege n Jahre lang zu $p\%$ auf Zinseszinsen; sein Endwert ist dann

$$k_n = a \cdot q^n ;$$

der Barwert eines nach n Jahren fälligen Kapitals ist also

$$b = a = \frac{k_n}{q^n} \cdot$$

2. Anlage auf Zinseszinsen mit jährlicher Zulage (Wegnahme).

Wird zu (von) dem Kapital a am Ende eines jeden Jahres der Betrag r hinzugelegt (abgehoben), so wird der Endwert am Ende des $n$ten Jahres

$$K = aq^n \underset{(\pm)}{\pm} r \frac{q^n - 1}{q - 1} \cdot$$

3. Rente r aus einem Kapital oder Tilgungsrate r einer Schuld. Hier ist $K = 0$, also

$$aq^n = r \frac{q^n - 1}{q - 1} \cdot$$

G. Aus der Lehre von den komplexen Zahlen

1. Die komplexen Zahlen.
Es ist

$$\sqrt{-1} = i, \text{ also } i^2 = -1; \quad i^3 = -i; \quad i^4 = 1,$$

allgemein $i^{4n+k} = i^k$ [$n = 0, 1, 2, 3 \ldots$ und k $= 1, 2, 3, 4$].
Sind x, y reelle Zahlen, so heißt

$$z = x + iy$$

eine komplexe Zahl, x ihr reeller, iy ihr imaginärer Bestandteil.

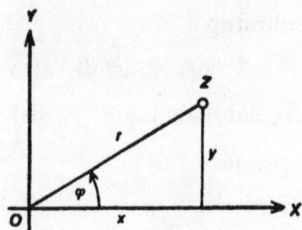

Abb. 1

$x + iy$ und $x - iy$ heißen zueinander „konjugiert komplex".

Setzt man $x = r \cos\varphi$; $y = r \sin\varphi$, so wird

$$z = r\,(\cos\varphi + i \sin\varphi).$$

Der komplexen Zahl z ordnet man im Bild den „komplexen Punkt Z" zu.

r heißt der absolute Betrag oder der Modul von z; φ (im Bogenmaß gemessen) das Argument oder der Arcus von z.
Weiter ist:

$$r = \sqrt{x^2 + y^2}; \quad \varphi = \text{arc tg } \frac{y}{x} = \text{arc sin } \frac{y}{r} = \text{arc cos } \frac{x}{r}. \; ^{*)}$$

2. Der Satz von Moivre

lautet:

$$(\cos\varphi + i \sin\varphi)^n = \cos(n\varphi) + i \sin(n\varphi)$$

für jede Zahl n. — Für ein ganzzahliges n gilt insbesondere

$$\sqrt[n]{\cos\varphi + i \sin\varphi} = \cos\frac{\varphi + 2k\pi}{n} + i \sin\frac{\varphi + 2k\pi}{n},$$

wobei $k = 0, 1, 2, \ldots, (n-1)$ zu setzen ist.

3. Einheitswurzeln.

Sie ergeben sich für $\varphi = 0$ aus der vorigen Formel.

$$\sqrt[n]{1} = \cos\frac{2k\pi}{n} + i \sin\frac{2k\pi}{n} \quad [k = 0, 1, 2, \ldots, (n-1)].$$

---

*) Beachte dabei das Vorzeichen von x oder von y!

Ihre Bildpunkte liegen auf dem Einheitskreis und teilen seinen Umfang in n gleiche Teile.

$$\sqrt[n]{a} = a^{\frac{1}{n}} {}^{*)} \cdot \left(\cos \frac{2k\pi}{n} + i \sin \frac{2k\pi}{n} \right)$$

$$[k = 0, 1, 2, \ldots, (n-1)]$$

Sonderfälle:

$n = 3$	$n = 4$

$$\sqrt[3]{1} = \begin{cases} 1 \\ -\dfrac{1}{2} + \dfrac{i}{2}\sqrt{3} \\ -\dfrac{1}{2} - \dfrac{i}{2}\sqrt{3} \end{cases} \qquad \sqrt[4]{1} = \begin{cases} 1 \\ +i \\ -1 \\ -i \end{cases}$$

4. Zusammenhang der komplexen Zahlen mit der Zahl e (Basis des natürlichen Logarithmensystems).

Es ist: $a + bi = r \cdot (\cos \varphi + i \sin \varphi) = r \cdot e^{i\varphi}$;

$$r = \left| \sqrt{a^2 + b^2} \right| \; ; \; \operatorname{tg} \varphi = \frac{b}{a} \; ; \; \text{also } \varphi = \operatorname{arc\,tg} \frac{b}{a} \pm 2k\pi$$

also auch $\quad a + bi = \left| \sqrt{a^2 + b^2} \right| \cdot e^{i\left(\operatorname{arc\,tg} \frac{b}{a} \pm 2k\pi \right)}$

Besondere Fälle: $\quad +1 = e^{\pm 2k\pi i}$ $\qquad$ z. B. $e^{2\pi i} = +1$

$$-1 = e^{i(\pi \pm 2k\pi)} \qquad \text{,, ,,} \quad e^{i\pi} = -1$$

$$+i = e^{i\left(\frac{\pi}{2} \pm 2k\pi \right)} \qquad \text{,, ,,} \quad e^{\frac{i\pi}{2}} = +i$$

$$-i = e^{i\left(\frac{3\pi}{2} \pm 2k\pi \right)} \qquad \text{,, ,,} \quad e^{\frac{3\pi i}{2}} = -i$$

---

*) reeller Wert der Wurzel.

Die Exponentialfunktion e^z ist rein imaginär periodisch mit
der Periode $2\pi i$, also
$$e^{z \pm 2k\pi i} = e^z.$$

**5. Zusammenhang der trigonometrischen Funk-
tionen mit der Exponentialfunktion** (Eulersche Gleichungen):

Es ist: I. $e^{ix} = \cos x + i \sin x$

II. $e^{-ix} = \cos x - i \sin x$ und umgekehrt

$$\cos x = \frac{e^{ix} + e^{-ix}}{2} \; ; \; \sin x = \frac{e^{ix} - e^{-ix}}{2i}.$$

(Vgl. VI E S. 84, 4)

H. Aus der Lehre von den Gleichungen

1. Die Gleichung zweiten Grades (quadratische
Gleichung):

a) Normalform: $x^2 + px + q = 0$ (p und q reelle Zahlen).

$$\text{Lösung: } x_{1,2} = -\frac{p}{2} \pm \sqrt{\left(\frac{p}{2}\right)^2 - q}.$$

b) Allgemeine Form: $ax^2 + bx + c = 0$, worin a, b und c
reelle Zahlen sind und $a \neq 0$ ist.

$$\text{Lösung: } x_{1,2} = \frac{-b \pm \sqrt{b^2 - 4ac}}{2a}.$$

2. Die Gleichung dritten Grades (kubische Gleichung) $ax^3 + bx^2 + cx + d = 0$ $(a \neq 0)$

geht durch Setzen von $x = z - \dfrac{b}{3a}$ in die „reduzierte"

Gleichung 3. Grades

$$z^3 - 3pz - 2q = 0$$

über.

a) Solange die „Diskriminante" $D = q^2 - p^3 > 0$ ist, erfolgt die Lösung dieser Gleichung mit Hilfe der Formeln von Cardano:

$$z_1 = \quad u + v \quad \text{(reell)}$$

$$z_2 = -\frac{u+v}{2} + \frac{i}{2}\sqrt{3}\,(u-v) \left.\vphantom{\frac{u+v}{2}}\right\} \quad \text{(konjugiert}$$

$$z_3 = -\frac{u+v}{2} - \frac{i}{2}\sqrt{3}\,(u-v) \left.\vphantom{\frac{u+v}{2}}\right\} \quad \text{komplex)},$$

worin
$$u = \sqrt[3]{q + \sqrt{D}}$$

$$v = \sqrt[3]{q - \sqrt{D}}.$$

b) Ist $D < 0$ (casus irreducibilis), so wird die reduzierte Gleichung mittels folgender Formeln gelöst:

$$z_1 = 2\sqrt{p}\,\cos\frac{\varphi}{3}$$

$$z_2 = -2\sqrt{p}\,\cos\left(\frac{\varphi}{3} + 60^0\right) \left.\vphantom{\frac{\varphi}{3}}\right\} \quad \text{(reell)},$$

$$z_3 = -2\sqrt{p}\,\cos\left(\frac{\varphi}{3} - 60^0\right)$$

wobei φ durch die Gleichung

$$\cos\varphi = \frac{q}{\sqrt{p^3}}$$

bestimmt ist.

c) Im Fall $D = 0$ wird $\cos\varphi = 1$, $\varphi = 0$ und

$$z_1 = 2\sqrt{p} \qquad z_2 = -\sqrt{p} \qquad z_3 = -\sqrt{p} = z_2.$$

2*

3. Fundamentalsatz der Algebra.

Die ganze rationale Funktion $n$ten Grades

$$f(x) = a_0 x^n + a_1 x^{n-1} + a_2 x^{n-2} + \ldots + a_{n-1} x + a_n$$
$$(a_0 \neq 0)$$

läßt sich immer und zwar nur auf eine Weise als ein Produkt von n linearen Faktoren darstellen:

$$f(x) = a_0 (x - x_1)(x - x_2) \ldots (x - x_n);$$

$x_1, x_2, \ldots, x_n$ heißen die Wurzeln der Gleichung $f(x) = 0$.

4. Beziehungen zwischen den Wurzeln $x_1, x_2, \ldots x_n$ und den Beizahlen (Koeffizienten) $a_0, a_1, a_2, \ldots, a_{n-1}, a_n$ der Gleichung $f(x) = 0$.

Es ist

$$x_1 + x_2 + x_3 + \ldots + x_n = -\frac{a_1}{a_0},$$

$$x_1 x_2 + x_1 x_3 + \ldots + x_2 x_3 + x_2 x_4 + \ldots +$$
$$+ x_3 x_4 + x_3 x_5 + \ldots + x_{n-1} x_n = \frac{a_2}{a_0},$$

$$x_1 x_2 x_3 + x_1 x_2 x_4 + \ldots + x_1 x_3 x_4 + x_1 x_3 x_5 + \ldots +$$
$$+ x_2 x_3 x_4 + x_2 x_3 x_5 + \ldots + x_{n-2} x_{n-1} x_n = -\frac{a_3}{a_0},$$

$$\ldots\ldots\ldots\ldots\ldots\ldots\ldots\ldots\ldots\ldots\ldots\ldots\ldots\ldots\ldots,$$

$$x_1 x_2 x_3 \ldots x_n = (-1)^n \cdot \frac{a_n}{a_0}.$$

5. Die Kreisteilungsgleichung (binomische Gleichung) $x^n - a = 0$.

Ihre n Lösungen $x_1, x_2, x_3, \ldots, x_n$ sind nach G 3 S. 17 gegeben durch

$$x = \sqrt[n]{a} = \sqrt[n]{a}^{*)} \cdot \sqrt[n]{1} = \sqrt[n]{a}^{*)} \left(\cos \frac{2k\pi}{n} + i \sin \frac{2k\pi}{n} \right),$$

wo $k = 0, 1, 2, \ldots, (n-1)$ zu setzen ist.

---

*) reeller Wert der Wurzel.

6. Näherungsverfahren zur Lösung von Gleichungen.

Regula falsi:*)

Sind α, β zwei (etwa graphisch gefundene) Näherungswerte einer einfachen Wurzel der Gleichung, die zwischen α und β liegt, so ist ein besserer Näherungswert

$$\alpha + \frac{(\beta - \alpha)\, f(\alpha)}{f(\alpha) - f(\beta)}\,.$$

Das Verfahren kann mit dem neugefundenen und einem der alten Werte beliebig oft wiederholt werden.

---

*) siehe auch Seite 81, 4.

II. Ebene und räumliche Geometrie

A. Ebene Geometrie

F = Fläche, d = Diagonale

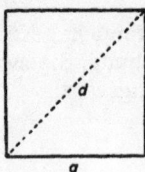

Abb. 2

1. Quadrat

$$F = a^2; \quad d = a\sqrt{2}.$$

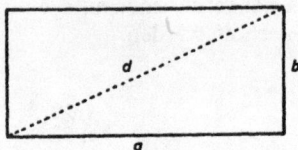

Abb 3

2. Rechteck

$$F = ab; \quad d = \sqrt{a^2 + b^2}.$$

3. Parallelogramm

$$F = a \cdot h_a = b \cdot h_b$$

Seiten a u. b; zugehörige Höhen h_a u. h_b; Diagonalen e u. f; dann gilt

$$F = a \cdot h_a = b \cdot h_b$$
$$e^2 + f^2 = 2(a^2 + b^2).$$

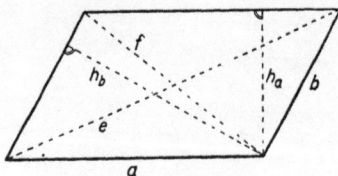

Abb. 4

$$\left.\begin{matrix} e \\ (f) \end{matrix}\right\} = \sqrt{a^2 + b^2 (\pm) 2a\sqrt{b^2 - h_a^2}}$$

4. Dreieck

$$F = \frac{1}{2} gh$$

$$F = \sqrt{s(s-a)(s-b)(s-c)}$$

(Heronische Formel), wobei

$$s = \frac{1}{2}(a + b + c) = \text{halber Umfang}$$

$$F = \sqrt{\varrho \cdot \varrho_a \cdot \varrho_b \cdot \varrho_c} \quad \text{(vgl. 14)}.$$

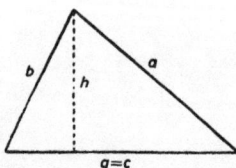

Abb. 5

Vierstreckensatz:

$a : c = b \ d = (a + b) \ (c + d)$

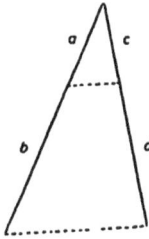 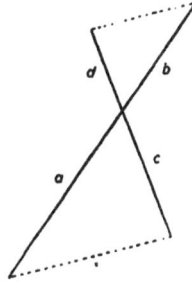

Abb. 6   Abb 7

5. Rechtwinkliges Dreieck (a und b Katheten, c Hypotenuse)

$$F = \frac{1}{2} \, ab = \frac{1}{2} \, c \, h$$

$a^2 = cp; \ b^2 = cq$ (Katheten-
                               satz)

$h^2 = pq$ (Höhensatz)

$c^2 = a^2 + b^2$ (Pythag.
                                  Lehrsatz)

Vgl. Pythagoreische Dreiecke S 28

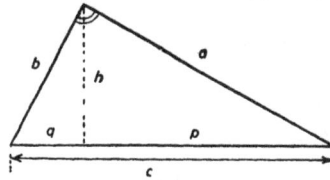

Abb. 8

6. Allgemeines Dreieck

$c^2 = a^2 + b^2 \mp 2a \cdot m$,   ($m$ = Projekt. v. b auf a)   [Allgem.

    $= a^2 + b^2 \mp 2b \cdot n$,   ($n$ = Projekt. v. a auf b)   Pythag.
Lehrsatz]

Minuszeichen gilt im spitzwinkl. Dreieck   ($\gamma < 90^\circ$)

Pluszeichen gilt im stumpfwinkl. Dreieck   ($\gamma > 90^\circ$)

7. Gleichschenklig-recht-
    winkliges Dreieck

$$F = \frac{a^2}{2}; \quad c = a \, \sqrt{2},$$

$$h = \frac{a}{2} \, \sqrt{2}.$$

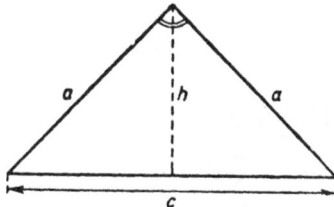

Abb. 9

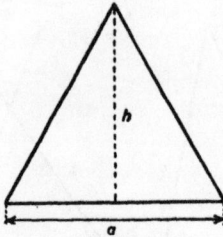

Abb. 10

8. Gleichseitiges Dreieck

$$F = \frac{a^2}{4}\sqrt{3}\;; \quad h = \frac{a}{2}\sqrt{3}$$

Umkreisradius $r = \frac{a}{3}\sqrt{3}$

Inkreisradius $\varrho = \frac{a}{6}\sqrt{3}$

Ankreisradius $\varrho_a = \varrho_b =$

$$= \varrho_c = h = \frac{a}{2}\sqrt{3}.$$

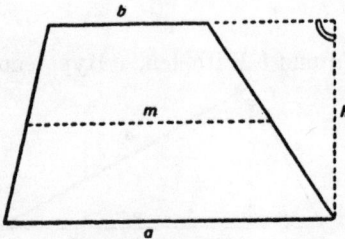

Abb 11

9. Trapez

$$F = \frac{a+b}{2} \cdot h = m \cdot h$$

Mittelparallele $m = \dfrac{a+b}{2}.$

10. Kreis

$$F = \pi r^2 ;\; \text{Umfang } u = 2\pi r.$$

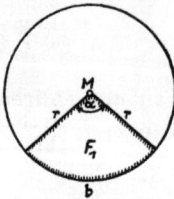

Abb. 12

11. Kreisausschnitt (Sektor)

$$F_1 = \pi r^2 \cdot \frac{a}{360} = \frac{1}{2}\, br$$

Bogen $b = 2\pi r \cdot \dfrac{a}{360}$ *) (a muß in Graden angegeben sein)

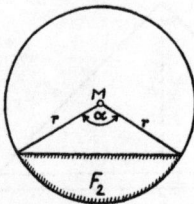

Abb. 13

12. Kreisabschnitt (Segment)

$$F_2 = \text{Sektor} - \text{Dreieck} = r^2\pi\,\frac{a}{360} -$$

$$- \frac{r^2}{2}\sin a = \frac{r^2}{2}\left(\pi\,\frac{a}{180} - \sin a\right).$$

*) Vollwinkel 360^0, $1^0 = 60'$; $1' = 60''$.

13. Dreieck mit Umkreis

$$F = \frac{abc}{4r} \; ; \quad \text{Umkreisradius } r = \frac{abc}{4F} \cdot$$

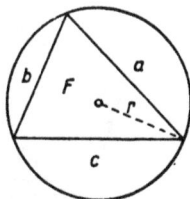

14. Dreieck mit Inkreis

$$F = \varrho \cdot s; \qquad s = \frac{1}{2}(a + b + c)$$

Abb. 14

$$\text{Inkreisradius } \varrho = \frac{F}{s} = \sqrt{\frac{(s-a)\,(s-b)\,(s-c)}{s}} \cdot$$

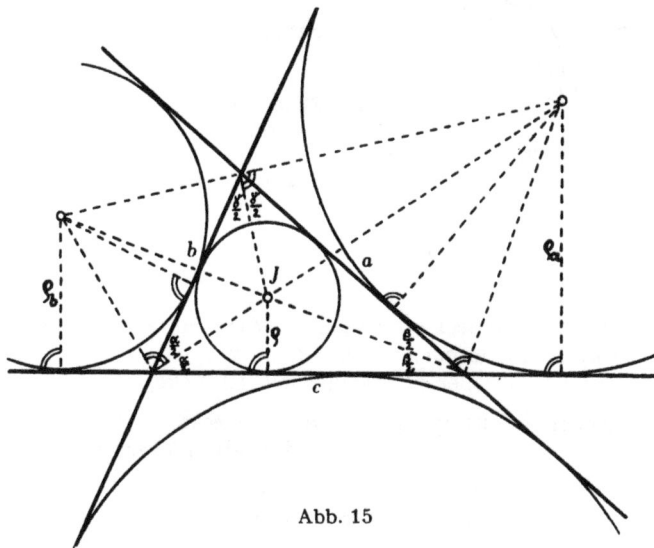

Abb. 15

Ankreise:
$$\varrho_a = \frac{F}{s-a} \; ; \quad \varrho_b = \frac{F}{s-b} \; ; \quad \varrho_c = \frac{F}{s-c}$$

$$F = \sqrt{\varrho \cdot \varrho_a \cdot \varrho_b \cdot \varrho_c} \; ; \quad \frac{1}{\varrho} = \frac{1}{\varrho_a} + \frac{1}{\varrho_b} + \frac{1}{\varrho_c} = \frac{1}{h_a} + \frac{1}{h_b} + \frac{1}{h_c} \quad \text{und}$$

$$\frac{1}{h_a} = \frac{1}{2}\left(\frac{1}{\varrho} - \frac{1}{\varrho_a}\right) = \frac{1}{2}\left(\frac{1}{\varrho_b} + \frac{1}{\varrho_c}\right), \quad \varrho_a + \varrho_b + \varrho_c - \varrho = 4r.$$

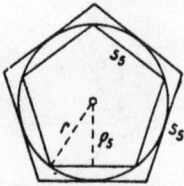

Abb. 16

15. Regelmäßiges Vieleck (reguläres *n*-Eck) im Kreis und um den Kreis

vgl. S. 30—31.

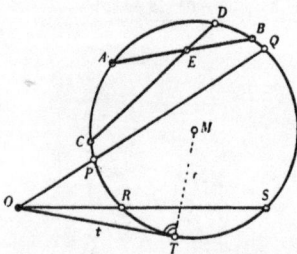

Abb. 17

16. Kreis mit Sehnen, Sekanten und Tangente

Sehnensatz:
$$EA \cdot EB = EC \cdot ED$$

Sekantensatz:
$$OP \cdot OQ = OR \cdot OS$$

Sekanten — Tangentensatz:
$$OP \cdot OQ = OT^2.$$

Dreieck:

In jedem Dreieck schneiden sich die 3 Seitenhalbierenden (Schwerlinien) in einem Punkt (Schwerpunkt S) im Verhältnis 2 : 1 (größerer Abschnitt an der Ecke).

Umkreismittelpunkt U eines Dreiecks =
= Schnittpunkt der 3 Mittelsenkrechten.

Inkreismittelpunkt J eines Dreiecks =
= Schnittpunkt der 3 Winkelhalbierenden.

Schwerpunkt S, Höhenschnittpunkt H und Umkreismittelpunkt U liegen auf einer Geraden. Es ist HS : SU = 2 : 1 (Satz von Euler).

a) Höhen:

$$h_a = \frac{b \cdot c}{2r}; \quad h_b = \frac{a \cdot c}{2r}; \quad h_c = \frac{a \cdot b}{2r}$$

$$h_a : h_b : h_c = \frac{1}{a} : \frac{1}{b} : \frac{1}{c} = bc : ac : ab;$$

$$\frac{1}{h_a} + \frac{1}{h_b} + \frac{1}{h_c} = \frac{1}{\varrho}.$$

b) Seitenhalbierende: Umkehrungen:

$$s_a = \frac{1}{2} \cdot \sqrt{2 \cdot (b^2 + c^2) - a^2} \qquad a = \frac{2}{3} \cdot \sqrt{2\,s_b^2 + 2\,s_c^2 - s_a^2};$$

$$s_b = \frac{1}{2} \cdot \sqrt{2 \cdot (a^2 + c^2) - b^2} \qquad b = \frac{2}{3} \cdot \sqrt{2\,s_a^2 + 2\,s_c^2 - s_b^2};$$

$$s_c = \frac{1}{2} \cdot \sqrt{2 \cdot (a^2 + b^2) - c^2} \qquad c = \frac{2}{3} \cdot \sqrt{2\,s_a^2 + 2\,s_b^2 - s_c^2};$$

Beziehung: $\quad s_a^2 + s_b^2 + s_c^2 = \frac{3}{4}\,(a^2 + b^2 + c^2)$

und $\qquad F_\triangle = \frac{4}{3}\,\sqrt{t\,(t - s_a)\,(t - s_b)\,(t - s_c)},$

wobei $\qquad s_a + s_b + s_c = 2t$ ist.

c) Winkelhalbierende:

In jedem Dreieck teilt die Halbierende eines Innen- oder Außenwinkels die Gegenseite im Verhältnis der anstoßenden Seiten, z. B. teilt die innere Winkelhalbierende w_γ die Seite c in die Abschnitte u und v, die äußere Winkelhalbierende w'_γ die Seite c in die Abschnitte u' und v', für diese gelten:

$$u + v = c;\ u : v = a : b;\ u = \frac{ac}{a + b};\ v = \frac{bc}{a + b};$$

$$w_\gamma = \sqrt{ab - uv}$$

$$w'_\gamma = \sqrt{u'v' - ab}$$

$$w_\alpha = \frac{1}{b + c}\,\sqrt{bc\,(a + b + c)\,(-a + b + c)}$$

$$w_\beta = \frac{1}{a + c}\,\sqrt{ac\,(a + b + c)\,(a - b + c)}$$

$$w_\gamma = \frac{1}{a+b} \sqrt{ab\,(a+b+c)\,(a+b-c)}$$

Entsprechend:

$$w'_\alpha = \frac{1}{b-c} \sqrt{bc\,(a+b-c)\,(a-b+c)} \quad \text{usf.}$$

Apollonischer Kreis:

Der Ort für die Punkte, deren Abstände von zwei gegebenen Punkten A und B ein bestimmtes Verhältnis haben, ist ein Kreis. Sein Durchmesser ist der Abstand der Punkte D und E, welche die Verbindungsstrecke der Punkte A, B innen und außen nach dem gegebenen Verhältnis teilen.

$$AD:BD = AE:BE = b:a$$

(Strecken absolut gerechnet, ohne Richtungssinn!)

Feuerbachscher Kreis:

In einem Dreieck liegen die drei Fußpunkte der Höhen, die drei Mittelpunkte der Seiten und die drei Mittelpunkte der oberen Höhenabschnitte auf einem Kreis (Feuerbachscher Kreis). Sein Mittelpunkt halbiert die Strecke HU

(H = Höhenschnittpunkt, U = Umkreismittelpunkt).

Zu 5. Rechtwinkliges Dreieck:

$$h_c = \frac{ab}{c}\,; \qquad r = \frac{c}{2}\,; \qquad \varrho = \frac{a+b-c}{2}\,;$$

$$\varrho_a = \frac{a+c-b}{2}\,; \qquad \varrho_b = \frac{b+c-a}{2}\,; \qquad \varrho_c = \frac{a+b+c}{2}\,.$$

Pythagoreische Dreiecke z. B.:

$a = 3$, $b = 4$, $c = 5$; $\quad a = 5$, $b = 12$, $c = 13$;

$a = 8$, $b = 15$, $c = 17$; $\quad a = 7$, $b = 24$, $c = 25$;

$a = 20$, $b = 21$, $c = 29$; $\quad a = 9$, $b = 40$, $c = 41$;

$\qquad\qquad\qquad a = 11$, $b = 60$, $c = 61$; usw.

Sehnenviereck (oder Kreisviereck):

Ein Viereck, dessen vier Ecken auf einem Kreisumfang liegen, heißt Sehnen- oder Kreisviereck.

Zwei Gegenwinkel eines Sehnenvierecks ergänzen sich zu 180°.

$$F = \sqrt{(s-a)(s-b)(s-c)(s-d)},$$

wobei $s = \dfrac{a+b+c+d}{2} =$ halber Umfang.

Ptolemäischer Lehrsatz:

In jedem Sehnenviereck ist das Rechteck der Diagonalen $(e \cdot f)$ gleich der Summe der Rechtecke aus den Gegenseiten:

$$e \cdot f = ac + bd.$$

$$e = \sqrt{\frac{(ad+bc)(ac+bd)}{ab+cd}}; \quad f = \sqrt{\frac{(ab+cd)(ac+bd)}{ad+bc}}$$

[$e =$ Diagonale von Ecke (ad) nach (bc)] [$f =$ Diagonale von Ecke (ab) nach (cd)].

$$F = \frac{(ab+cd) \cdot e}{4r} = \frac{(ad+bc) \cdot f}{4r}.$$

Tangentenviereck:

Ein Viereck, dessen vier Seiten Tangenten eines Kreises sind, heißt Tangentenviereck.

Die Summe zweier Gegenseiten eines Tangentenvierecks ist gleich der Summe der beiden anderen Gegenseiten:

$$a + c = b + d$$

$$F = \varrho \cdot s \quad (s = \text{halber Umfang}).$$

Für das **Sehnen-Tangentenviereck** gilt:

$$F = \sqrt{abcd}.$$

Zu 15. Regelmäßige Vielecke:

In jedem regulären n-Eck ist der Innenwinkel zwischen zwei Seiten gleich $\dfrac{(n-2)\cdot 180^0}{n}$.

$$s_{2n} = r\sqrt{2 - 2\sqrt{1 - \left(\frac{s_n}{2r}\right)^2}} =$$

$$= r\cdot\left[\sqrt{1 + \frac{s_n}{2r}} - \sqrt{1 - \frac{s_n}{2r}}\,\right].$$

$$s_n = s_{2n}\cdot\sqrt{4 - \left(\frac{s_{2n}}{r}\right)^2}.$$

Seite S des umbeschriebenen reg. n-Eckes aus der Seite s des einbeschriebenen reg. n-Eckes:

$$S = \frac{s}{\sqrt{1 - \left(\frac{S}{2r}\right)^2}} = \frac{2rs}{\sqrt{4r^2 - s^2}}\;;\; s = \frac{2rS}{\sqrt{4r^2 + S^2}}.$$

Seite s des einbeschriebenen reg. n-Eckes:

$$s_3 = r\sqrt{3};\; s_6 = r;\; s_{12} = r\sqrt{2 - \sqrt{3}} =$$

$$= \frac{r}{2}\left(\sqrt{6} - \sqrt{2}\right);$$

$$s_4 = r\sqrt{2};\; s_8 = r\sqrt{2 - \sqrt{2}};$$

$$s_{16} = r\sqrt{2 - \sqrt{2 + \sqrt{2}}};$$

$$s_5 = \frac{r}{2}\sqrt{10 - 2\sqrt{5}};\;\; s_{10} = \frac{r}{2}\left(\sqrt{5} - 1\right).$$

(Goldener Schnitt!)

$$s_5{}^2 = s_6{}^2 + s_{10}{}^2.$$

Fläche F des einbeschriebenen reg. n-Eckes:

$$F_3 = \frac{3}{4} r^2 \sqrt{3} \; ; \; F_4 = 2r^2 \; ; \qquad F_5^{\cdot} = \frac{5}{8} r^2 \sqrt{10 + 2\sqrt{5}}$$

$$F_6 = \frac{3}{2} r^2 \sqrt{3} \; ; \; F_8 = 2r^2 \sqrt{2} \; ; \; F_{10} = \frac{5}{4} r^2 \sqrt{10 - 2\sqrt{5}}.$$

$$F_n = \frac{n \cdot s_n \cdot r}{2} \sqrt{1 - \frac{s_n^2}{4r^2}}$$

Radius ϱ des dem reg. n-Eck einbeschriebenen Kreises:

$$\varrho_3 = \frac{r}{2} \; ; \quad \varrho_4 = \frac{r}{2} \sqrt{2} \; ; \quad \varrho_5 = \frac{r}{4} (\sqrt{5} + 1);$$

$$\varrho_6 = \frac{r}{2} \sqrt{3} \; ; \quad \varrho_8 = \frac{r}{2} \sqrt{2 + \sqrt{2}} \; ;$$

$$\varrho_{10} = \frac{r}{4} \sqrt{10 + 2\sqrt{5}} \; .$$

$$\varrho_n = r \cdot \sqrt{1 - \frac{s_n^2}{4r^2}} \; .$$

Seite S des umbeschriebenen reg. n-Eckes:

$$S_3 = 2r \sqrt{3} \; ; \quad S_4 = 2r \; ; \quad S_5 = 2r \sqrt{5 - 2\sqrt{5}} \; ;$$

$$S_6 = \frac{2r}{3} \sqrt{3} \; ; \quad S_8 = 2r (\sqrt{2} - 1);$$

$$S_{10} = \frac{2r}{5} \sqrt{25 - 10\sqrt{5}} \; ;$$

Fläche F_u des umbeschriebenen reg. n-Eckes:

$$(F_3)_u = 3r^2 \sqrt{3} \; ; \quad (F_4)_u = 4r^2 \; ; \quad (F_5)_u = 5r^2 \sqrt{5 - 2\sqrt{5}} \; ;$$

$$(F_6)_u = 2r^2 \sqrt{3} \; ; \quad (F_8)_u = 8r^2 \cdot (\sqrt{2} - 1) \; ;$$

$$(F_{10})_u = 2r^2 \cdot \sqrt{25 - 10\sqrt{5}}.$$

Die Anzahl aller Diagonalen eines allgemeinen n-Eckes ist

$$\frac{n \cdot (n-3)}{2}.$$

Die Winkelsumme eines n-Eckes beträgt

$$(n-2) \cdot 180^0.$$

Goldener Schnitt (oder stetige Teilung):

$$a : x = x : (a-x)$$

$$x = \frac{a}{2}\left(\sqrt{5}-1\right) \approx 0{,}62\,a.$$

B. Raumgeometrie

$V =$ Volumen (Rauminhalt); $O =$ Oberfläche;
$M =$ Mantelfläche;
$d =$ Raumdiagonale; $h =$ Höhe; $s =$ Mantellinie;
$R =$ Radius der umbeschriebenen Kugel;
$r =$ Radius der einbeschriebenen Kugel.

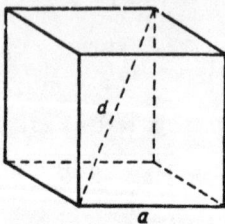

Abb. 18

1. Würfel

(Reguläres Polyeder Nr. 2
Regelmäßiges 6-flach)

$$V = a^3; O = 6a^2; d = a\sqrt{3}$$
$$R = \frac{a}{2}\sqrt{3}; \quad r = \frac{a}{2}.$$

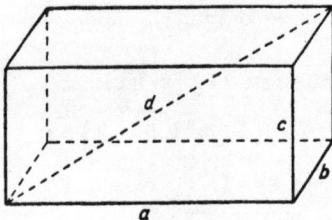

Abb. 19

2. Quader

$$V = abc;$$
$$O = 2\,(ab + ac + bc);$$
$$d = \sqrt{a^2 + b^2 + c^2}.$$

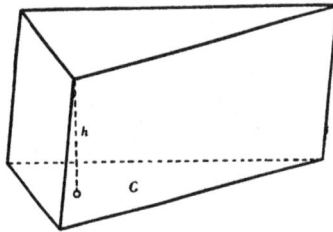

3. Prisma (*n*-seitig)

$$V = Gh .$$

Abb. 20

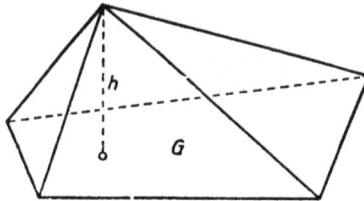

4. Pyramide (*n*-seitig)

$$V = \frac{1}{3} Gh$$

Abb. 21

5. Reguläres Tetraeder

(Reguläres Polyeder Nr. 1
Regelmäßiges 4-flach)

$$V = \frac{a^3}{12} \sqrt{2} ; \quad O = a^2 \sqrt{3} ;$$

$$h = \frac{a}{3} \sqrt{6} ; \quad R = \frac{a}{4} \sqrt{6} ;$$

$$r = \frac{a}{12} \sqrt{6}$$

Die Verbindungslinien der Ecken eines
Tetraeders mit den Schwerpunkten
der gegenüberliegenden Seitenflächen
(Schwerlinien) schneiden sich in einem
Punkt (Schwerpunkt des Tetraeders)
Dieser Punkt teilt jede der 4 Schwer-
linien im Verhältnis 3 1 (größerer
Abschnitt an der Ecke).

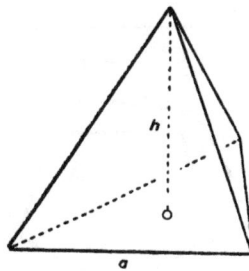

Abb. 22

3 W e s t r i c h . Formeln

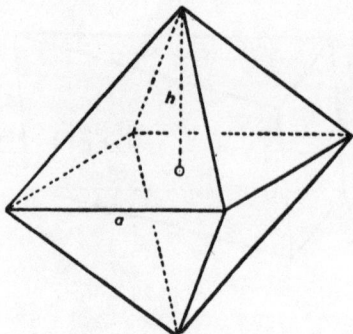

Abb. 23

6. Reguläres Oktaeder

(Reguläres Polyeder Nr. 3
Regelmäßiges 8-flach)

$$V = \frac{a^3}{3} \sqrt{2}\,; \quad O = 2a^2 \sqrt{3}\,;$$

$$h = \frac{a}{2} \sqrt{2}\,; \quad R = \frac{a}{2} \sqrt{2}\,;$$

$$r = \frac{a}{6} \sqrt{6}.$$

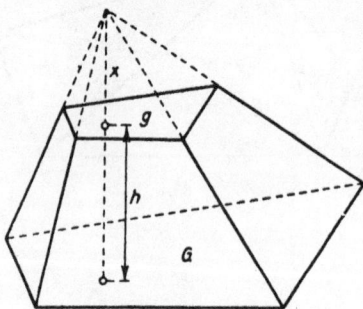

Abb. 24

7. Pyramidenstumpf
(*n*-seitig)

$$V = \frac{h}{3}\,(G + \sqrt{Gg} + g)\,;$$

$$G : g = (h + x)^2 : x^2.$$

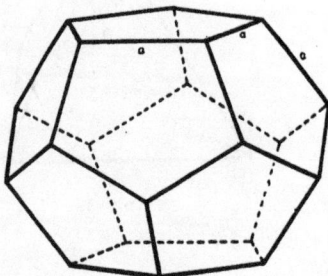

Abb. 25

8. Reguläres Dodekaeder

(Reguläres Polyeder Nr. 4
Regelmäßiges 12-flach)

$$V = \frac{a^3}{4}\,(15 + 7 \sqrt{5}\,)\,;$$

$$O = 3a^2 \sqrt{5\,(5 + 2 \sqrt{5}\,)}\,;$$

$$R = \frac{a \sqrt{3}}{4}\,(1 + \sqrt{5}\,)\,;$$

$$r = \frac{a}{20} \sqrt{250 + 110\sqrt{5}}.$$

9. Reguläres Ikosaeder

(Reguläres Polyeder Nr. 5
Regelmäßiges 20-flach)

$$V = \frac{5a^3}{12}(3 + \sqrt{5}),$$

$$O = 5a^2\sqrt{3} \ ;$$

$$R = \frac{a}{4}\sqrt{2(5 + \sqrt{5})} \ ;$$

$$r = \frac{a\sqrt{3}}{12}(3 + \sqrt{5}) =$$

$$= \frac{a}{2}\sqrt{\frac{7 + 3\sqrt{5}}{6}} \ .$$

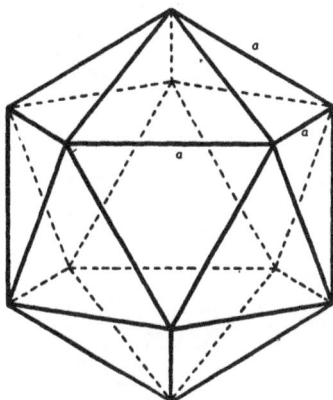

Abb. 26

Es gibt nur fünf konvexe reguläre Polyeder (Platonische Körper).

e = Anzahl der Ecken n = Seitenzahl einer Be-
f =   ,,   ,,   Flächen   grenzungsfläche
k =   ,,   ,,   Kanten m = Zahl der von einer Ecke
                                   ausgehenden Kanten.

Polyedersatz von Euler:

$$e + f = k + 2 \ .$$

Weiter gilt:

$$n \cdot f = 2k; \quad m \cdot e = 2k \ .$$

Es gibt nur 5 regelmäßige (Platonische) Körper.

m	n	f	e	k	5 reguläre Polyeder
3	3	4	4	6	Tetraeder
3	4	6	8	12	Hexaeder (Würfel)
4	3	8	6	12	Oktaeder
3	5	12	20	30	Dodekaeder
5	3	20	12	30	Ikosaeder

3*

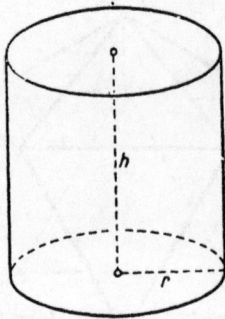

Abb. 27

Satz von Cavalieri:

Zwei Körper haben gleichen Rauminhalt, wenn sie so gestellt werden können, daß sie in ·jeder Höhe gleiche Querschnitte haben.

10. Zylinder*) (Walze)

$$V = \pi \cdot r^2 h$$
$$M = 2\pi r h$$
$$O = 2\pi r (r + h).$$

11. Kegel*)

$$V = \frac{1}{3} \pi r^2 h$$
$$s = \sqrt{r^2 + h^2}$$
$$M = \pi r s = \pi s^2 \cdot \frac{\omega}{360}$$
$$O = \pi r (r + s).$$

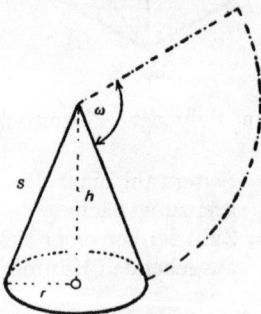

Abb. 28

12. Kegelstumpf*)

$$V = \frac{\pi h}{3} (R^2 + Rr + r^2)$$
$$s = \sqrt{(R - r)^2 + h^2}$$
$$M = \pi (R + r) \cdot s$$
$$O = \pi R (R + s) + \pi r (r + s).$$

13. Kugel

$$V = \frac{4}{3} \pi r^3; O = 4\pi r^2.$$

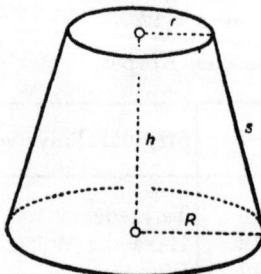

Abb. 29

*) Gemeint ist der gerade Kreis- oder Drehzylinder bzw. der gerade Kreis- oder Drehkegel oder -kegelstumpf

14. Kugelabschnitt (-segment)

$$V = \frac{\pi h^2}{3}(3r - h) = \frac{\pi h}{6}(3\varrho^2 + h^2)$$

Haube = Kappe = Kugelkalotte

$$M = 2\pi r h = \pi(\varrho^2 + h^2)$$
$$O = \pi(2\varrho^2 + h^2)$$
$$\varrho^2 = h(2r - h).$$

15. Kugelausschnitt (-sektor)

$$V = \frac{2}{3}\pi r^2 h$$

$O' =$ Kugelhaube + Kegel-
    mantel

$$= \pi r(\varrho + 2h) =$$
$$= \pi r(2h + \sqrt{h \cdot (2r - h)}).$$

16. Kugelzone (-schicht)

$$V = \frac{\pi h}{6}(3\varrho_1{}^2 + 3\varrho_2{}^2 + h^2)$$
$$M = 2\pi r h$$
$$O = \pi(\varrho_1{}^2 + 2rh + \varrho_2{}^2).$$

17. Kugelkeil (Abb. 32)

$$V = \frac{4}{3}\pi r^3 \frac{\alpha}{360}$$

Kugelzweieck $F = 4\pi r^2 \dfrac{\alpha}{360}$

      (α in Graden).

18. Dreiachsiges Ellipsoid

(a, b, c Halbachsen)

$$V = \frac{4\pi}{3} abc$$

Rotationsellipsoid

(2a Drehachse): $V = \dfrac{4\pi}{3} ab^2$

(2b Drehachse): $V = \dfrac{4\pi}{3} ba^2$

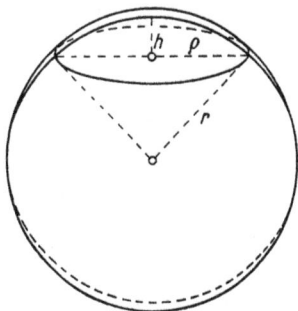

Abb. 30

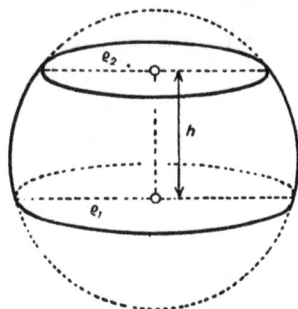

Abb. 31

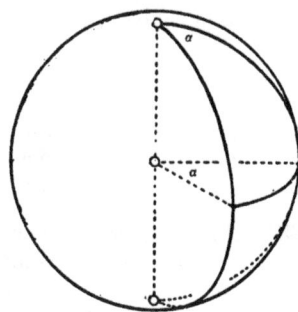

Abb. 32

19. Rotationsparaboloid

$$V = \frac{1}{2}\, \pi r^2 h.$$

20. Wulst oder Kreisring; Zylindrischer Ring

r = Radius des gedachten Kreises

R = Abstand seines Mittelpunktes von der Drehachse

$$V = 2\pi^2 \cdot R \cdot r^2 = \frac{\pi^2}{4} \cdot D \cdot d^2; \quad (D = 2\,R; \ d = 2r)$$

$$O = 4\pi^2\, Rr \quad = \pi^2 \cdot D \cdot d.$$

21. Allgemeines schiefes Prisma

(h = senkrecht gemessener Abstand der beiden zueinander parallelen Grundflächen G des Prismas, N = Fläche des Normalschnittes, l = Kantenlänge, α = Winkel zwischen Grundfläche G und Normalschnitt N)

$$N = G \cdot \cos \alpha; \quad h = l \cdot \cos \alpha;$$

$$V = N \cdot l = G \cos \alpha \cdot \frac{h}{\cos \alpha} = G \cdot h.$$

22. Schief abgeschnittenes gerades dreiseitiges Prisma (a, b, c die drei verschieden langen Seitenkanten)

$$V = G \cdot \frac{a + b + c}{3}.$$

Beim schiefen Prisma vom Normalschnitt N:

$$V = N \cdot \frac{a + b + c}{3}.$$

Der Rauminhalt eines schief abgeschnittenen prismatischen Körpers ist das Produkt aus der Normalschnittfläche und dem Abstand der Schwerpunkte der Endflächen.

23. Schief abgeschnittener gerader Kreiszylinder (h_1 kürzeste, h_2 längste Mantellinie)

$$V = \pi r^2 \cdot \frac{h_1 + h_2}{2}; \quad M = \pi r\,(h_1 + h_2).$$

24. Prismatoid oder Prismoid

Dies ist ein Körper, begrenzt von zwei parallelen End-
flächen und dreieckigen Seitenflächen; doch können
Paare der Seitendreiecke zu ebenen Vierecken werden.
Höhe h = senkrechter Abstand der Endflächen G_1 und
G_2. Die Fläche des Mittelschnittes in halber Höhe sei M.
Dann gilt

$$V = \frac{h}{6}(G_1 + 4M + G_2).$$

Diese Formel gilt nicht nur für die eigentlichen Pris-
matoide, wo die Endflächen ebene Vielecke sind, sondern
auch für die Grenzfälle, wo eine oder beide Endflächen
in krummlinige Flächen übergehen oder zu geraden
Linien und Punkten zusammenschrumpfen. Sie gilt also
auch für Pyramide und Kegel ($M = \frac{1}{4}G_1$; $G_2 = 0$), für
dreiseitige Prismen mit einer Seitenfläche als Endfläche
und einer Kante als der zusammengeschrumpften anderen Endfläche. Sie gilt für die Kugel wie für deren
Teile.
Sie gilt auch für den

25. Zylinderhuf oder Zylinderstutz
(Bodenfläche = Halbkreis vom Radius r, h = Höhe des
Zylinderhufs = längste Mantellinie)

$$V = \frac{2}{3}hr^2; \quad M = 2hr \quad \text{(ohne } \pi\text{)}.$$

26. Keil (= schief abgeschnittenes dreiseitiges Prisma)

$$V = \frac{b_1 \cdot h}{2} \cdot \frac{1}{3}(a_1 + a_1 + a_2) =$$

$$= \frac{b_1 \cdot h}{6} \cdot (2a_1 + a_2).$$

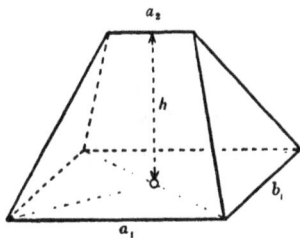

Abb. 33

27. Wall oder Obelisk = Keilstumpf

Ein Obelisk ist ein Vielflach (Polyeder) mit zwei parallelen Grundflächen, bei dem die Seiten der einen Grundfläche der Reihe nach parallel zu denen der anderen verlaufen; also sind die Seitenflächen im allgemeinen ebene Trapeze. Der in Abb. 34 gezeichnete Obelisk ist beispielsweise ein Prismatoid mit einander nicht ähnlichen rechteckigen Endflächen, deren entsprechende (homologe) Seiten aber parallel sind. Verlängert man also die vier Seitenflächen, so endigen sie nicht in einem Punkt wie beim rechteckigen Pyramidenstumpf, sondern in einer Kante. Dieser Obelisk ist also ein abgestumpfter Keil mit rechteckiger Grundfläche. (Grund- und Deckfläche sind Rechtecke mit den Seiten a_1, b_1 bzw. a_2, b_2; Höhe h)

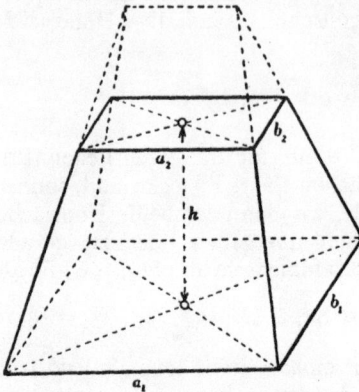

Abb. 34

$$V = \frac{h}{6} \left[(2a_1 + a_2)\, b_1 + (2a_2 + a_1) b_2 \right] =$$

$$= \frac{h}{6} \left(2a_1 b_1 + 2a_2 b_2 + a_1 b_2 + a_2 b_1 \right).$$

Sind Grund- und Deckfläche ähnlich und gleich orientiert, so entsteht ein Pyramidenstumpf mit

$$V = \frac{h}{3} \left(G + \sqrt{Gg} + g \right) \quad \text{[vgl. Nr. 7]}, \quad \text{weil dann}$$

$$\frac{a_1}{a_2} = \frac{b_1}{b_2} \quad \text{oder} \quad a_1 b_2 = a_2 b_1.$$

III. Trigonometrie

A. Die trigonometrischen Funktionen

1. Erklärungen

Ist a eine Lotseite (Kathete) eines ebenen rechtwinkeligen Dreiecks ABC, α der ihr gegenüberliegende Winkel, b die andere Lotseite (Kathete), c die Spannseite (Hypotenuse), so gilt:

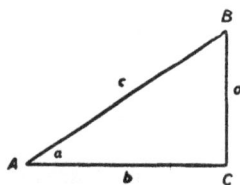

Abb. 35

$$\sin \alpha = \frac{a}{c} \qquad \cos \alpha = \frac{b}{c} \qquad \mathrm{tg}\,\alpha = \frac{a}{b} \qquad \mathrm{cotg}\,\alpha = \frac{b}{a}\cdot$$

2. Beziehungen zwischen den trig. Funktionen

$$\sin^2\alpha + \cos^2\alpha = 1$$

$$\mathrm{tg}\,\alpha = \frac{\sin \alpha}{\cos \alpha}, \ \ \mathrm{cotg}\,\alpha = \frac{\cos \alpha}{\sin \alpha}, \ \ \mathrm{tg}\,\alpha \cdot \mathrm{cotg}\,\alpha = 1$$

$$1 + \mathrm{tg}^2\alpha = \frac{1}{\cos^2\alpha}, \ \ 1 + \mathrm{cotg}^2\alpha = \frac{1}{\sin^2\alpha}$$

3. Darstellung einer trigonometrischen Funktion durch die drei anderen Funktionen*):

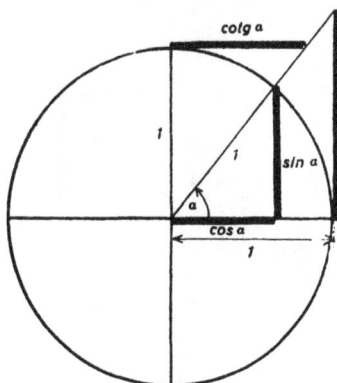

Abb. 36

---

*) Festsetzung der Vorzeichen siehe Seite 42 Nr. 4 und 43 Nr. 5.

a) $\sin \alpha = \sqrt{1 - \cos^2 \alpha} = \dfrac{\mathrm{tg}\,\alpha}{\sqrt{1 + \mathrm{tg}^2\,\alpha}} = \dfrac{1}{\sqrt{1 + \mathrm{cotg}^2\,\alpha}}$

b) $\cos \alpha = \sqrt{1 - \sin^2 \alpha} = \dfrac{1}{\sqrt{1 + \mathrm{tg}^2\,\alpha}} = \dfrac{\mathrm{cotg}\,\alpha}{\sqrt{1 + \mathrm{cotg}^2\,\alpha}}$

c) $\mathrm{tg}\,\alpha = \dfrac{\sin \alpha}{\sqrt{1 - \sin^2 \alpha}} = \dfrac{\sqrt{1 - \cos^2 \alpha}}{\cos \alpha} = \dfrac{1}{\mathrm{cotg}\,\alpha}$

d) $\mathrm{cotg}\,\alpha = \dfrac{\sqrt{1 - \sin^2 \alpha}}{\sin \alpha} = \dfrac{\cos \alpha}{\sqrt{1 - \cos^2 \alpha}} = \dfrac{1}{\mathrm{tg}\,\alpha}$

4. Die Vorzeichen der trigonometrischen Funktionen in den vier Winkelfeldern (Quadranten):

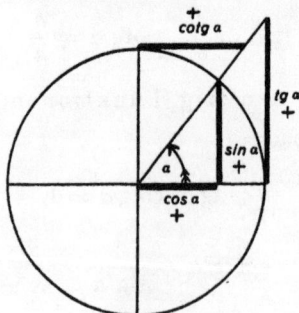

Abb. 37

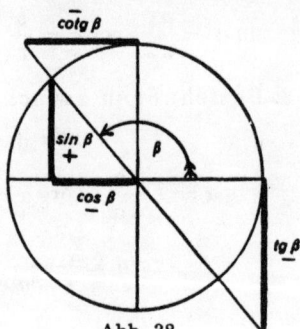

Abb. 38

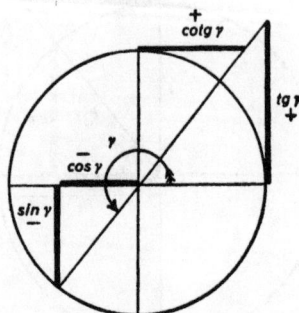

Abb. 39

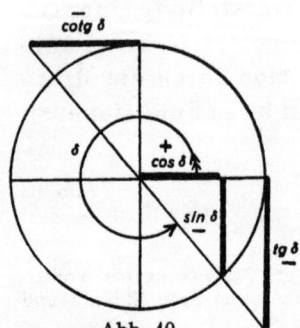

Abb. 40

5. Umwandlung der trigonometrischen Funktionen von Winkeln des 2., 3. und 4. Winkelfeldes in solche des 1. ($\sphericalangle \alpha < 90^0$)

Winkel-feld	Winkel (in ^{0})	sin	cos	tg	cotg
I	α	$+\sin\alpha$	$+\cos\alpha$	$+\operatorname{tg}\alpha$	$+\operatorname{cotg}\alpha$
II	$180-\alpha$	$+\sin\alpha$	$-\cos\alpha$	$-\operatorname{tg}\alpha$	$-\operatorname{cotg}\alpha$
III	$180+\alpha$	$-\sin\alpha$	$-\cos\alpha$	$+\operatorname{tg}\alpha$	$+\operatorname{cotg}\alpha$
IV	$360-\alpha$	$-\sin\alpha$	$+\cos\alpha$	$-\operatorname{tg}\alpha$	$-\operatorname{cotg}\alpha$
IV	$-\alpha$	$-\sin\alpha$	$+\cos\alpha$	$-\operatorname{tg}\alpha$	$-\operatorname{cotg}\alpha$
İ	$90-\alpha$	$+\cos\alpha$	$+\sin\alpha$	$+\operatorname{cotg}\alpha$	$+\operatorname{tg}\alpha$
İI	$90+\alpha$	$+\cos\alpha$	$-\sin\alpha$	$-\operatorname{cotg}\alpha$	$-\operatorname{tg}\alpha$
III	$270-\alpha$	$-\cos\alpha$	$-\sin\alpha$	$+\operatorname{cotg}\alpha$	$+\operatorname{tg}\alpha$
IV	$270+\alpha$	$-\cos\alpha$	$+\sin\alpha$	$-\operatorname{cotg}\alpha$	$-\operatorname{tg}\alpha$

6. Trigonometrische Funktionswerte besonderer Winkel

Winkel	sin	cos	tg	cotg
0^0	0	1	0	∞
30^0	$\frac{1}{2}$	$\frac{1}{2}\sqrt{3}$	$\frac{1}{3}\sqrt{3}$	$\sqrt{3}$
45^0	$\frac{1}{2}\sqrt{2}$	$\frac{1}{2}\sqrt{2}$	1	1
60^0	$\frac{1}{2}\sqrt{3}$	$\frac{1}{2}$	$\sqrt{3}$	$\frac{1}{3}\sqrt{3}$
90^0	1	0	∞	0

7. Als natürliches Maß (Bogenmaß) eines Winkels α benützt man die Meßzahl des zum Mittelpunktswinkel α im Einheitskreis gehörigen Bogens.

Es entsprechen sich dann

im Gradmaß:	1⁰	30⁰	45⁰	60⁰	90⁰	180⁰	270⁰	360⁰
im Bogenmaß:	$\dfrac{\pi}{180}$	$\dfrac{\pi}{6}$	$\dfrac{\pi}{4}$	$\dfrac{\pi}{3}$	$\dfrac{\pi}{2}$	π	$\dfrac{3\pi}{2}$	2π
angenähert:	0,017	0,524	0,785	1,05	1,57	3,14	4,71	6,28

Die natürliche Winkeleinheit mit dem Bogenmaß 1 ist der Winkel $\dfrac{180^0}{\pi} = 57^0 17' 45''$.

B. Die trigonometrischen Funktionen zusammengesetzter Winkel

1. Die trigonometrischen Funktionen der Summe und Differenz zweier Winkel

(Additionstheoreme)

$$\sin(\alpha + \beta) = \sin\alpha\cos\beta + \cos\alpha\sin\beta$$

$$\sin(\alpha - \beta) = \sin\alpha\cos\beta - \cos\alpha\sin\beta$$

$$\cos(\alpha + \beta) = \cos\alpha\cos\beta - \sin\alpha\sin\beta$$

$$\cos(\alpha - \beta) = \cos\alpha\cos\beta + \sin\alpha\sin\beta$$

$$\operatorname{tg}(\alpha \pm \beta) = \frac{\operatorname{tg}\alpha \pm \operatorname{tg}\beta}{1 \mp \operatorname{tg}\alpha\operatorname{tg}\beta}$$

$$\operatorname{cotg}(\alpha \pm \beta) = \frac{\operatorname{cotg}\alpha\operatorname{cotg}\beta \mp 1}{\operatorname{cotg}\beta \pm \operatorname{cotg}\alpha}$$

2. Die trigonometrischen Funktionen doppelter, einfacher und halber Winkel

$$\sin 2\alpha = 2\sin \alpha \cos \alpha \qquad \cos 2\alpha = \cos^2\alpha - \sin^2\alpha$$
$$= 2\cos^2\alpha - 1$$
$$= 1 - 2\sin^2\alpha.$$

$$\sin \alpha = 2\sin \frac{\alpha}{2}\cos \frac{\alpha}{2} \qquad \cos \alpha = \cos^2 \frac{\alpha}{2} - \sin^2 \frac{\alpha}{2}$$

$$= 2\cos^2 \frac{\alpha}{2} - 1$$

$$= 1 - 2\sin^2 \frac{\alpha}{2}.$$

$$\sin \frac{\alpha}{2} = \sqrt{\frac{1 - \cos \alpha}{2}} \; ; \quad \cos \frac{\alpha}{2} = \sqrt{\frac{1 + \cos \alpha}{2}}$$

$$\operatorname{tg} 2\alpha = \frac{2\operatorname{tg}\alpha}{1 - \operatorname{tg}^2\alpha} \; ; \quad \operatorname{cotg} 2\alpha = \frac{\operatorname{cotg}^2\alpha - 1}{2\operatorname{cotg}\alpha}$$

$$\operatorname{tg}\alpha = \frac{2\operatorname{tg}\dfrac{\alpha}{2}}{1 - \operatorname{tg}^2\dfrac{\alpha}{2}} \; ; \quad \operatorname{cotg}\alpha = \frac{\operatorname{cotg}^2\dfrac{\alpha}{2} - 1}{2\operatorname{cotg}\dfrac{\alpha}{2}}$$

3. Die trig. Funktionen rational ausgedrückt

durch $\operatorname{tg}\dfrac{\alpha}{2} = t$.

$$\sin \alpha = \frac{2\cdot\operatorname{tg}\dfrac{\alpha}{2}}{1 + \operatorname{tg}^2\dfrac{\alpha}{2}} = \frac{2t}{1 + t^2} \; ; \cos \alpha = \frac{1 - \operatorname{tg}^2\dfrac{\alpha}{2}}{1 + \operatorname{tg}^2\dfrac{\alpha}{2}} = \frac{1 - t^2}{1 + t^2}$$

$$\operatorname{tg}\alpha = \frac{2\cdot\operatorname{tg}\dfrac{\alpha}{2}}{1 - \operatorname{tg}^2\dfrac{\alpha}{2}} = \frac{2t}{1 - t^2} \; ; \operatorname{ctg}\alpha = \frac{1 - \operatorname{tg}^2\dfrac{\alpha}{2}}{2\operatorname{tg}\dfrac{\alpha}{2}} = \frac{1 - t^2}{2t}$$

4. Summen Differenzen und Produkte von trigonometrischen Funktionen

$$\sin \alpha + \sin \beta = \quad 2 \sin \frac{\alpha + \beta}{2} \cos \frac{\alpha - \beta}{2}$$

$$\sin \alpha - \sin \beta = \quad 2 \cos \frac{\alpha + \beta}{2} \sin \frac{\alpha - \beta}{2}$$

$$\cos \alpha + \cos \beta = \quad 2 \cos \frac{\alpha + \beta}{2} \cos \frac{\alpha - \beta}{2}$$

$$\cos \alpha - \cos \beta = - 2 \sin \frac{\alpha + \beta}{2} \sin \frac{\alpha - \beta}{2}$$

$$\sin \alpha \ \sin \beta = \tfrac{1}{2} \left[\cos (\alpha - \beta) - \cos (\alpha + \beta) \right]$$
$$\sin \alpha \ \cos \beta = \tfrac{1}{2} \left[\sin (\alpha + \beta) + \sin (\alpha - \beta) \right]$$
$$\cos \alpha \ \cos \beta = \tfrac{1}{2} \left[\cos (\alpha + \beta) + \cos (\alpha - \beta) \right].$$

C. Sätze über das allgemeine (schiefwinklige) ebene Dreieck

a, b, c seien die Seiten, α, β, γ die ihnen beziehungsweise gegenüberliegenden Winkel eines schiefwinkligen Dreiecks, r sei der Halbmesser des dem Dreieck umbeschriebenen Kreises, F der Flächeninhalt des Dreiecks.

1 Sinus-Satz

$$\frac{a}{b} = \frac{\sin \alpha}{\sin \beta} \qquad \frac{a}{c} = \frac{\sin \alpha}{\sin \gamma} \qquad \frac{b}{c} = \frac{\sin \beta}{\sin \gamma}$$

Zusammengefaßt $\qquad \dfrac{a}{\sin \alpha} = \dfrac{b}{\sin \beta} = \dfrac{c}{\sin \gamma} = 2 r$

2. Cosinus-Satz

$$a^2 = b^2 + c^2 - 2bc \cos \alpha.$$

ebenso
$$b^2 = a^2 + c^2 - 2ac \cos \beta$$
$$c^2 = a^2 + b^2 - 2ab \cos \gamma.$$

8. Flächen-Satz:

$$F = \frac{1}{2} a b \sin \gamma = \sqrt{s \, (s-a) \, (s-b) \, (s-c)} \,,$$

wobei $s = \dfrac{a+b+c}{2}$.

4. Tangenten-Satz:

$$\frac{a+b}{a-b} = \frac{\operatorname{tg} \dfrac{\alpha+\beta}{2}}{\operatorname{tg} \dfrac{\alpha-\beta}{2}}$$

5. Cotangenten-Satz:

$$\operatorname{cotg} \frac{\alpha}{2} = \sqrt{\frac{s \, (s-a)}{(s-b) \, (s-c)}} \quad \text{oder} \operatorname{cotg} \frac{\alpha}{2} = \frac{s-a}{\varrho} \,,$$

ebenso: $\operatorname{cotg} \dfrac{\beta}{2} = \dfrac{s-b}{\varrho}$; $\qquad \operatorname{cotg} \dfrac{\gamma}{2} = \dfrac{s-c}{\varrho} \,,$

wobei $\varrho = \dfrac{F}{s} = \sqrt{\dfrac{(s-a) \, (s-b) \, (s-c)}{s}}$

der Halbmesser des dem Dreieck einbeschriebenen Kreises
ist. (Vgl. S. 25.)

D. Sätze über das rechtwinklige Kugeldreieck

Erklärung: Ein Kugeldreieck (sphärisches Dreieck) wird
durch Hauptkreise (größte Kreise) einer Kugel gebildet.

Nepersche Regel:

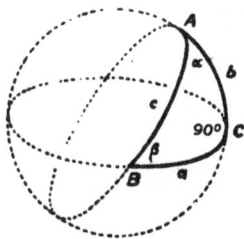

Abb. 41

Abb. 42

Es sei gegeben ein rechtwinkliges Kugeldreieck (sphärisches Dreieck) mit den Lotseiten (Katheten) a, b und der Spannseite (Hypotenuse) c, ferner mit den Winkeln α, β und $\gamma = 90^0$ (Abb. 41). Dann gilt:

I. Der Cosinus irgendeines der 5 Stücke c, α, β, $90 - a$ und $90 - b$ (s. Abb. 42) ist gleich dem Produkt der Sinus der dem ausgewählten Stück nicht anliegenden Stücke.

Z. B. 1. $\cos c = \sin(90-a) \cdot \sin(90-b)$; $\cos c = \cos a \cdot \cos b$;

       2. $\cos a = \sin(90-a) \cdot \sin \beta$; $\cos a = \cos a \cdot \sin \beta$.

II. Der Cosinus irgendeines der oben aufgeführten 5 Stücke (s. Abb. 42) ist gleich dem Produkt der Cotangenten der ihm anliegenden Stücke.

Z. B. 1. $\cos c = \cotg \alpha \cotg \beta$;

       2. $\cos a = \cotg(90 - b) \cdot \cotg c$; $\cos a = \tg b \cdot \cotg c$.

E. Sätze über das allgemeine Kugeldreieck

Es seien a, b, c die Seiten, α, β, γ die ihnen gegenüberliegenden Winkel eines Kugeldreiecks (sphärischen Dreiecks) und $\varepsilon = \alpha + \beta + \gamma - 180^0$ der sog. sphärische Überschuß (Exzeß); dann gilt:

1. Fläche des Kugeldreiecks:

$$F = \pi r^2 \frac{\varepsilon}{180} \cdot$$

2. Sinus-Satz:

$\sin a : \sin b : \sin c = \sin \alpha : \sin \beta : \sin \gamma$.

3. Cosinus-Satz für eine Seite:

$\cos a = \cos b \cdot \cos c + \sin b \cdot \sin c \cdot \cos \alpha$;   usw.

4. Cosinus-Satz für einen Winkel:

$\cos \alpha = -\cos \beta \cdot \cos \gamma + \sin \beta \cdot \sin \gamma \cdot \cos a$;   usw.

5. Cotangenten-Satz:

cotg $a \cdot \sin c = $ cotg $\alpha \cdot \sin \beta + \cos c \cdot \cos \beta$.

6. Nepersche Gleichungen (Analogien):

$$\text{tg } \frac{\alpha + \beta}{2} = \frac{\cos \dfrac{a-b}{2}}{\cos \dfrac{a+b}{2}} \cdot \text{cotg } \frac{\gamma}{2}$$

$$\text{tg } \frac{\alpha - \beta}{2} = \frac{\sin \dfrac{a-b}{2}}{\sin \dfrac{a+b}{2}} \cdot \text{cotg } \frac{\gamma}{2}$$

$$\text{tg } \frac{a + b}{2} = \frac{\cos \dfrac{\alpha-\beta}{2}}{\cos \dfrac{\alpha+\beta}{2}} \cdot \text{tg } \frac{c}{2}$$

$$\text{tg } \frac{a - b}{2} = \frac{\sin \dfrac{\alpha-\beta}{2}}{\sin \dfrac{\alpha+\beta}{2}} \cdot \text{tg } \frac{c}{2} \cdot$$

F. Die zyklometrischen oder arcus-Funktionen

1. Erklärung: Wenn $x = \sin y$ ist, so lautet die
   Umkehrung: $y = $ arc sin x; (gelesen: „arcus sinus x"; y ist der Bogen oder Winkel, dessen sinus gleich x ist);

entsprechend: Wenn $x = \cos y$, so ist $y = $ arc cos x

„ $x = $ tg y, „ „ $y = $ arc tg x

„ $x = $ ctg y, „ „ $y = $ arc ctg x

2. Definitionsbereich: Im Bereich reeller Zahlen sind die Funktionen arc sin x und arc cos x nur möglich

für $|x| \leqq 1$;

dagegen arc tg x und arc ctg x möglich für **alle** Werte von x zwischen $-\infty$ und $+\infty$.

3. Vieldeutigkeit und Hauptwert der zyklometrischen Funktionen:

Als Umkehrungen der periodischen trigonometrischen Funktionen sind die zyklometrischen Funktionen unendlich vieldeutig.

Es gilt nämlich:

$$\text{arc sin } x = \begin{cases} y_1 \pm k \cdot 2\pi \\ y_2 \pm k \cdot 2\pi = (\pi - y_1) \pm k \cdot 2\pi \; ; \end{cases}$$

$$\text{arc cos } x = \begin{cases} y_1 \pm k \cdot 2\pi \\ y_2 \pm k \cdot 2\pi = (2\pi - y_1) \pm k \cdot 2\pi \end{cases}$$

$$\text{arc tg } x = y \pm k \cdot \pi$$

$$\text{arc ctg } x = y \pm k \cdot \pi$$

Zur Einschränkung der Vieldeutigkeit wurden die sogenannten **Hauptwerte** festgelegt:

für $y = $ arc sin x der Hauptwert $-\dfrac{\pi}{2} \leqq y \leqq \dfrac{\pi}{2}$

„ $y = $ arc cos x „ „ $0 \leqq y \leqq \pi$

„ $y = $ arc tg x „ „ $-\dfrac{\pi}{2} < y < \dfrac{\pi}{2}$

„ $y = $ arc ctg x „ „ $0 < y < \pi$

4. Beispiele:

a) Es ist $\sin 30^0 = \sin \dfrac{\pi}{6} = \dfrac{1}{2}$; deshalb

$$\text{arc sin } \frac{1}{2} = + \frac{\pi}{6} \; ; \quad \text{entsprechend}$$

$$\text{arc sin } \left(-\frac{1}{2} \right) = -\frac{\pi}{6} \; ;$$

b) $$\cos 45^0 = \cos \frac{\pi}{4} = \frac{1}{2} \cdot \sqrt{2},$$

folglich $\arccos \dfrac{1}{2} \sqrt{2} = \dfrac{\pi}{4}$ und

$$\arccos \left(-\frac{1}{2} \sqrt{2}\right) = \pi - \frac{\pi}{4} = \frac{3}{4}\,\pi;$$

c) $$\operatorname{tg} 60^0 = \operatorname{tg} \frac{\pi}{3} = \sqrt{3};$$

also $\operatorname{arc\,tg} \sqrt{3} = \dfrac{\pi}{3}$ und $\operatorname{arc\,tg} (-\sqrt{3}) = -\dfrac{\pi}{3}.$

5. Allgemein gilt:

$\arcsin (-x) = -\arcsin x;\ \arccos (-x) = \pi - \arccos x$

$\operatorname{arc\,tg} (-x) = -\operatorname{arc\,tg} x;\ \operatorname{arc\,ctg} (-x) = \pi - \operatorname{arc\,ctg} x.$

6. **Additionstheoreme der arcus-Funktionen:**

a) $\arcsin x \pm \arcsin y = \arcsin \left(x \sqrt{1-y^2} \pm y \sqrt{1-x^2}\right)$

b) $\arccos x \pm \arccos y = \arccos \left(xy \mp \sqrt{1-x^2} \cdot \sqrt{1-y^2}\right)$

c) $\operatorname{arc\,tg} x \pm \operatorname{arc\,tg} y = \operatorname{arc\,tg} \dfrac{x \pm y}{1 \mp xy}$

d) $\operatorname{arc\,ctg} x \pm \operatorname{arc\,ctg} y = \operatorname{arc\,ctg} \dfrac{xy \mp 1}{y \pm x}$

7. **Zusammenhang der zyklometrischen Funktionen mit den natürlichen Logarithmen:** *)

a) $\arcsin z = -i \ln \left(iz + \sqrt{1 - z^2}\right)$

b) $\arccos z = -i \ln \left(z + \sqrt{z^2 - 1}\right)$

c) $\operatorname{arc\,tg} z = -\dfrac{i}{2} \ln \dfrac{1 + iz}{1 - iz}.$

d) $\operatorname{arc\,ctg} z = \dfrac{i}{2} \ln \dfrac{iz + 1}{iz - 1}.$

---

*) Vgl. Seite 18, I G. 5.

4*

IV. Mathematische Erd- und Himmelskunde

A. Die Koordinaten-Systeme an der Himmelskugel

Die Lage irgendeines Punktes am Himmelsgewölbe wird durch zwei Abmessungen oder Koordinaten festgelegt. Zur Bestimmung dieser Koordinaten benutzt man vier Systeme von größten Kreisen, die in der folgenden Tafel zusammengestellt sind.

System	Grund-ebene	Abszisse		Ordinate
		Bogen mit Bezeichnung	Zählung vom	Bogen mit Bezeichnung
I Abb. 42	Horizont $S\,N$	$S\,H$ Azimut a	Südpunkt S in Richtung $S\,W\,N$	$H\,G$ Höhe h
II Abb. 42	Himmels-Äquator $A\,Q$	$Q\,D$ Stunden-winkel t	Meridian-punkt Q in Richtung $Q\,W\,A$	$D\,G$ Deklination δ
III Abb. 43	Himmels-Äquator $A\,Q$	$\Upsilon\,D$ Rekt-aszension α	Frühlings-punkt Υ in Richtung $\Upsilon\,Q\,\triangleq$	$D\,G$ Deklination δ
IV Abb. 43	Ekliptik ♋ ♑	$\Upsilon\,B$ Astronom. Länge λ	Frühlings-punkt Υ in Richtung Υ ♋ $\triangleq$	$B\,G$ Astronom. Breite β

Tierkreiszeichen s. S. 55!

Die Abb. 43 gibt die 2 ersten Systeme, Abb. 44 (S. 54) die 2 letzten Systeme von S. 52.

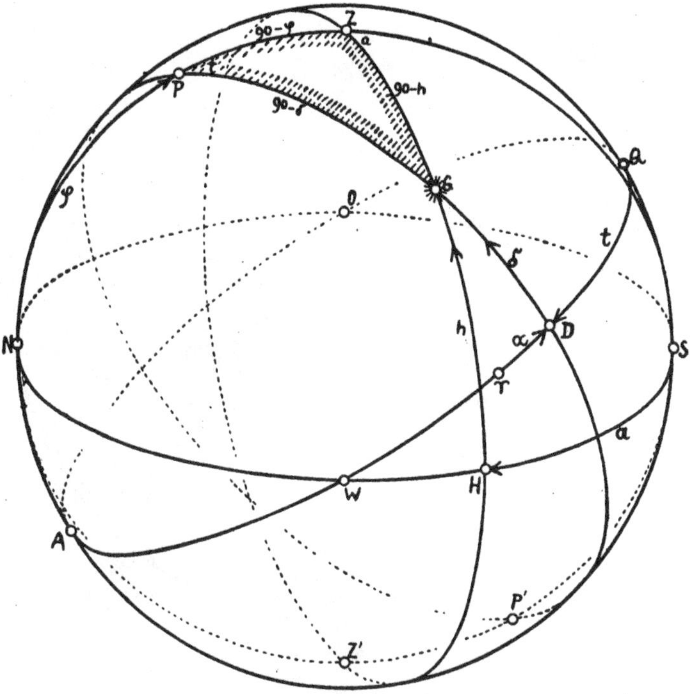

Abb. 43

B. Die Kulminationshöhe eines Gestirns auf der Nordhalbkugel

Ist h_0 die obere Kulminationshöhe, gemessen vom Südpunkt S, h_u die untere Kulminationshöhe, gemessen vom Nordpunkt N, und φ die geographische Breite, so gelten die Beziehungen:

$$h_0 = (90^0 - \varphi) + \delta$$
$$h_u = \varphi - (90^0 - \delta).$$

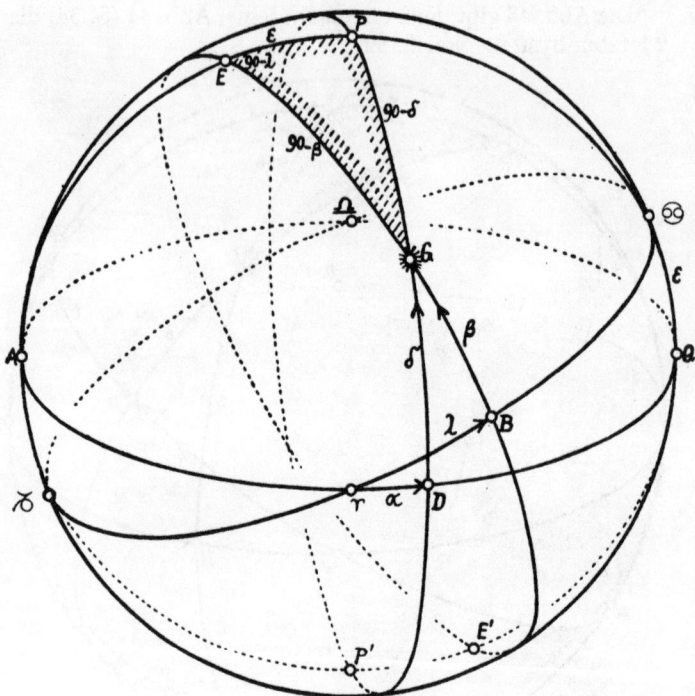

Abb. 44

C. Zeitgleichung

Mittlere Zeit — wahre Zeit = Zeitgleichung.

D. Zeitumrechnung

1. Die Sternzeit

Benutzt man die in der Tafel S. 52 gegebenen Bezeichnungen, so ist (Abb. 43):

Sternzeit = Stundenwinkel ϑ des Frühlingspunktes; also gilt

$$\vartheta = t + \alpha.$$

Ist $t = 0$, d. h. steht der Stern in oberer Kulmination, so ist

$$\alpha = \vartheta.$$

2. Die mittlere Ortszeit

Bezeichnet man mit MOZ die mittlere Ortszeit, mit GZ die Greenwicher Zeit, mit MEZ die mitteleuropäische Zeit, mit l die geographische Länge östlich von Greenwich in Graden, so ist

$$MOZ = GZ + l \cdot 4^m$$
$$MOZ = MEZ + (l - 15) \cdot 4^m.$$

3. Verwandlung eines in Sternzeit gegebenen Zeitintervalles in ein solches für mittlere (Sonnen-)Zeit und umgekehrt:

1 h Sternzeit = (1 h — 9,88 sec) mittlere Zeit

und

1 h mittlere Zeit = (1 h + 9,86 sec) Sternzeit.

4. Verwandlung von Zeitmaß in Bogen- bezw. Winkelmaß und umgekehrt:

24 ^{h}	entsprechen	360⁰	360⁰ entsprechen	24 ^{h}
1 ^{h}	entspricht	15⁰	1⁰ entspricht	4 ^{m}
1 ^{m}	,,	15′	1′ ,,	4 ^{s}
1 ^{s}	,,	15″	1″ ,,	$1/15$ ^{s}

————

Anmerkung: Tierkreiszeichen

Widder	♈	Stier	♉	Zwillinge	♊
Krebs	♋	Löwe	♌	Jungfrau	♍
Waage	♎	Skorpion	♏	Schütze	♐
Steinbock	♑	Wassermann	♒	Fische	♓

V. Analytische Geometrie der Ebene

A. Der Punkt

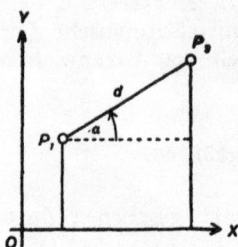

Abb. 45

1. **Entfernung** d **zweier Punkte** $P_1\,(x_1\,y_1)$ **und** $P_2\,(x_2\,y_2)$:

$$d = + \sqrt{(x_2 - x_1)^2 + (y_2 - y_1)^2}$$

Neigung von d gegen die positive X-Achse:

$$\operatorname{tg} a = \frac{y_2 - y_1}{x_2 - x_1}.$$

2. **Koordinaten eines Punktes** P, **der die Strecke** $P_1 P_2$ **im Verhältnis** $m:n = \lambda$ **teilt, so daß** $P_1 P : P P_2 = \lambda$ **ist:**

$$x = \frac{x_1 + \lambda x_2}{1 + \lambda}; \quad y = \frac{y_1 + \lambda y_2}{1 + \lambda}; \quad [\lambda \neq -1].$$

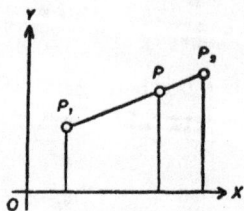

Abb. 46

Hierbei ist λ positiv für innere, negativ für äußere Teilpunkte. $\lambda = 1$ gibt die Koordinaten des Mittelpunktes der Strecke $P_1 P_2$.

Teilt ein zweiter Punkt Q die Strecke $P_1 P_2$ im Verhältnis $p:q = \mu$, so bilden die 4 Punkte P_1, P_2, P, Q das Doppelverhältnis $\lambda : \mu$; wenn $\lambda : \mu = -1$ ist, hat man die harmonische Teilung der Strecke $P_1 P_2$.

3. **Flächeninhalt eines Dreiecks** (n-Ecks) **mit den drei Eckpunkten** $P_1\,(x_1\,y_1)$, $P_2\,(x_2\,y_2)$, $P_3\,(x_3\,y_3)$ (Abb. 47):

$$\triangle P_1 P_2 P_3 = \frac{1}{2}\big[(x_1 y_2 - x_2 y_1) + (x_2 y_3 - x_3 y_2) +$$
$$+ (x_3 y_1 - x_1 y_3)\big] \qquad\qquad \text{oder}$$

$$\triangle P_1 P_2 P_3 = \frac{1}{2}\left[x_1\,(y_2 - y_3)\right.$$

$$\left. + x_2\,(y_3 - y_1) + x_3\,(y_1 - y_2)\right].$$

Die Fläche ist positiv (negativ), wenn bei der Durchlaufung des Dreiecksumfangs im Sinne $P_1 \to P_2 \to P_3$ die Dreiecksfläche zur Linken (Rechten) liegt.

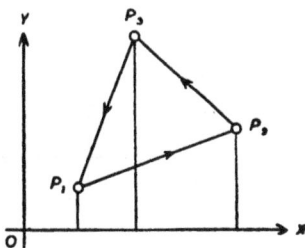

Abb. 47

Flächeninhalt des n-Ecks mit den Ecken $x_\nu, y_\nu\,(\nu = 1,2,\dots,n)$:

$$2F = x_1(y_2 - y_n) + x_2(y_3 - y_1) + x_3(y_4 - y_2) + \dots + x_n(y_1 - y_{n-1}).$$

4. Schwerpunkt. Sind x_0, y_0 die Koordinaten des Schwerpunkts S des Dreiecks $P_1 P_2 P_3$, dann ist

$$x_0 = \frac{x_1 + x_2 + x_3}{3} \quad \text{und} \quad y_0 = \frac{y_1 + y_2 + y_3}{3};$$

B. Koordinaten-Verwandlungen

1. Übergang von rechtwinkligen Koordinaten x, y eines Punktes P zu Polarkoordinaten r, φ dieses Punktes, wenn der Pol mit dem Koordinatenanfangspunkt 0 und die Polarachse mit der positiven X-Achse zusammenfällt.

$$x = r\cos\varphi; \quad y = r\sin\varphi.$$

Umgekehrt ist

$$r = +\sqrt{x^2 + y^2}$$

$$\varphi = \operatorname{arc\,tg} \frac{y}{x}\cdot$$

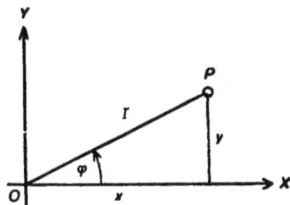

Abb 48

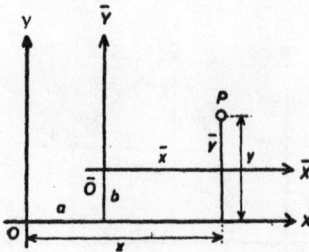

2. Parallelverschiebung des Koordinatensystems

Nach Abb. 49 ist

$$x = a + \bar{x}; \quad y = b + \bar{y},$$

also

$$\bar{x} = x - a; \quad \bar{y} = y - b.$$

Abb. 49

3. Drehung des Koordinatensystems um den Anfangspunkt 0.

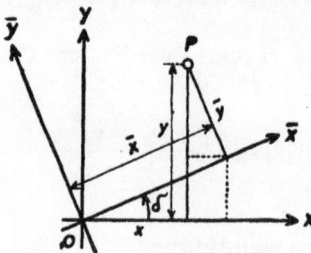

Die neue $\overline{X}$-Achse bilde mit der alten X-Achse den Winkel δ.

Nach Abb. 50 ist

$$x = \bar{x} \cos \delta - \bar{y} \sin \delta;$$
$$y = \bar{x} \sin \delta + \bar{y} \cos \delta.$$

Umgekehrt gilt:

$$\bar{x} = x \cos \delta + y \sin \delta$$
$$\bar{y} = - x \sin \delta + y \cos \delta.$$

Abb. 50

C. Die Gerade

1. Die verschiedenen Formen für die Gleichung einer Geraden.

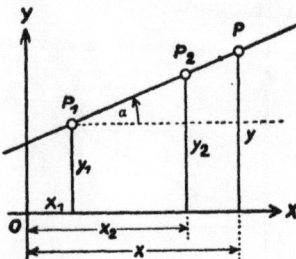

a) Die Gerade ist bestimmt durch die Punkte $P_1 \ (x_1 \, y_1)$ und $P_2 \ (x_2 \, y_2)$:

$$\frac{y - y_1}{x - x_1} = \frac{y_2 - y_1}{x_2 - x_1}.$$

Ihre Richtungsgröße (ihr Richtungsfaktor) ist

$$\operatorname{tg} \alpha = \frac{y_2 - y_1}{x_2 - x_1}.$$

Abb. 51

b) Gerade mit den Achsen-
    abschnitten a und b:

$$\frac{x}{a} + \frac{y}{b} = 1.$$

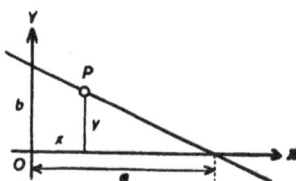

Abb. 52

c) Gerade mit dem Achsenab-
    schnitt b und der Richtungs-
    größe tg $\alpha = k$ (Abb. 53):

$$y = kx + b.$$

d) Gerade durch den Punkt
    $P_1(x_1 y_1)$ mit der Richtungs-
    größe tg $\alpha = k$ (Abb. 54):

$$\frac{y - y_1}{x - x_1} = k.$$

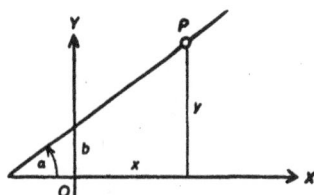

Abb. 53

e) Allgemeine Gleichung der
    Geraden:

$$Ax + By + C = 0,$$

wobei nicht gleichzeitig
$A = 0, B = 0$ ist. — Man
bezeichnet oft $Ax + By + C$
kurz mit g.

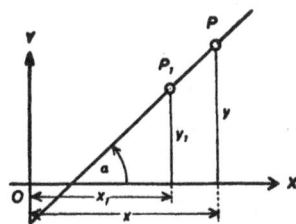

Abb. 54

f) Hessesche Normalform der
    Geradengleichung (Abb. 55):

$$x \cos \beta + y \sin \beta - p = 0.$$

Regel: Die allgemeine
Gleichung

$$Ax + By + C = 0$$

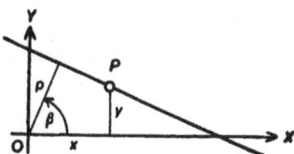

Abb .55

wird auf die Hessesche Normalform gebracht, indem man
die linke Seite durch $\sqrt{A^2 + B^2}$ dividiert, wobei das Vorzeichen der Wurzel dem von C entgegengesetzt zu nehmen ist.

2. Abstand d eines Punktes P_1 $(x_1$ $y_1)$ von einer Geraden.

Die Gleichung der Geraden: $Ax + By + C = 0$ wird auf die Hessesche Normalform gebracht; dann ist für $C \neq 0$

$$d = \frac{Ax_1 + By_1 + C}{\sqrt{A^2 + B^2}} \, ;$$

für $C = 0$ hat $\sqrt{A^2 + B^2}$ das gleiche Vorzeichen wie B bei positivem A.

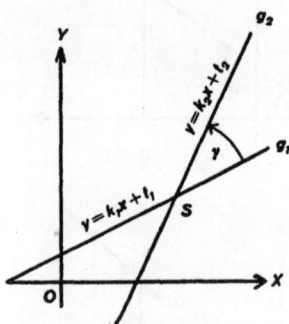

Abb. 56

3. Winkel zweier Geraden.

$$\mathrm{tg}\, \gamma = \frac{k_2 - k_1}{1 + k_1 k_2}.$$

Parallele Gerade:

$g_1 \parallel g_2$, wenn $k_1 = k_2$ ist.

Aufeinander senkrecht stehende Gerade:

$g_1 \perp g_2$, wenn $1 + k_1 k_2 = 0$,

also $k_2 = -\dfrac{1}{k_1}$ ist.

4. Das Strahlenbüschel.

a) Sind $g_1 = 0$ und $g_2 = 0$ zwei Gerade, so stellt

$$g_3 \equiv g_1 - \lambda\, g_2 = 0$$

irgendeine Gerade durch den Schnittpunkt S von g_1 und g_2 dar.

Ist $\qquad g_4 \equiv g_1 - \mu\, g_2 = 0$

eine weitere Gerade durch S, so ist $\lambda : \mu$ das Doppelverhältnis der 4 Geraden g_1, g_2, g_3, g_4.

b) Sind $g_1 = 0$ und $g_2 = 0$ die Geradengleichungen in der Hesseschen Normalform, so erhält man für $\lambda = \pm 1$ die Winkelhalbierenden beider Geraden.

D. Der Kreis

1. Der Kreis mit dem Halbmesser r um den Koordinatenanfangspunkt 0 als Mittelpunkt.

a) Kreisgleichung:

$x^2 + y^2 = r^2$ (Mittelpunkts-
              gleichung)

b) Kreistangente im Punkt P_0 $(x_0 \, y_0)$:

$x_0 \, x + y_0 \, y - r^2 = 0$

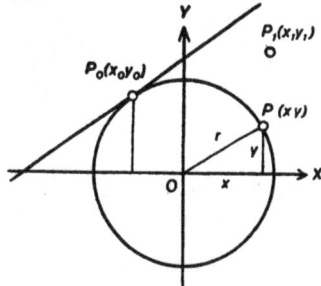

Abb. 57

c) Gleichung der Polare des Punktes P_1 $(x_1 \, y_1)$ in bezug auf den Kreis:

$x_1 \, x + y_1 \, y - r^2 = 0.$

Liegt P_1 auf dem Kreis, dann ist seine Polare Kreis-tangente.

d) Potenz p_1 des Punktes P_1 $(x_1 y_1)$ in bezug auf den Kreis (K): $p_1 = x_1{}^2 + y_1{}^2 - r^2.$ [*]

e) Bedingung, daß die Gerade $A x + B y + C = 0$ Tangente an den Kreis ist: $(A^2 + B^2) \, r^2 - C^2 = 0$;

Berührungspunkt: $x_0 = - \dfrac{A}{C} \, r^2$ und $y_0 = - \dfrac{B}{C} \, r^2.$

f) Bedingungen, daß die Gerade $A x + B y + C = 0$ Polare des Punktes $P_1(x_1 \, y_1)$ in bezug auf den Kreis ist:

$$C x_1 + A r^2 = 0 \quad \text{und} \quad C y_1 + B r^2 = 0$$

2. Der Kreis mit dem Radius r um den Punkt M (m, n) als Mittelpunkt.

a) Kreisgleichung:

$$(x - m)^2 + (y - n)^2 = r^2.$$

_____

[*] $p_1 \underset{<}{\overset{>}{=}} 0$, wenn P_1 außerhalb, auf, innerhalb (K) liegt; $p_1 > 0$ bedeutet das Quadrat der von P_1 an (K) gezogenen Tangente.

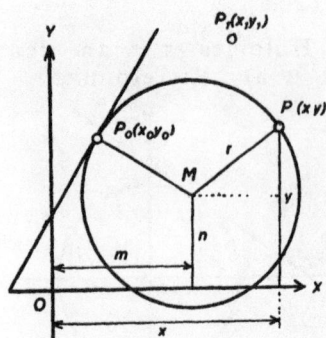

Abb. 58

b) **Kreistangente im Punkt** $P_0 (x_0 \, y_0)$:

$$(x_0 - m)(x - m) + $$
$$+ (y_0 - n)(y - n) - r^2 = 0.$$

c) **Polare des Punktes** P_1 **in bezug auf den Kreis:**

$$(x_1 - m)(x - m) + $$
$$+ (y_1 - n)(y - n) - r^2 = 0.$$

d) **Potenz** p_1 **des Punktes** $P_1(x_1 y_1)$ **in bezug auf den Kreis** (K):

$$p_1 = (x_1 - m)^2 + $$
$$+ (y_1 - n)^2 - r^2. *)$$

E. Die Ellipse

1. **Die Ellipse, bezogen auf die beiden Hauptachsen** $2a$ **und** $2b$ **als Koordinatenachsen (Abb. 59).**

a) Ellipsengleichung:

$$\frac{x^2}{a^2} + \frac{y^2}{b^2} = 1 \quad \text{(Mittelpunktsgleichung)}$$

b) Für die lineare Exzentrizität $O F_1 = O F_2 = e$ gilt $e^2 = a^2 - b^2$.

$\varepsilon = \dfrac{e}{a}$ heißt die numerische Exzentrizität der Ellipse;

es ist $\varepsilon < 1$.

$p = \dfrac{b^2}{a}$ wird der Parameter der Ellipse genannt.

Für die Brennstrahlen r_1 und r_2 nach einem
Ellipsenpunkt $P(x \, y)$ gilt $r_1 + r_2 = 2a$.

---

*) $p_1 \gtrless 0$, wenn P_1 außerhalb, auf, innerhalb (K) liegt; $p_1 > 0$ bedeutet das Quadrat der von P_1 an (K) gezogenen **Tangente**.

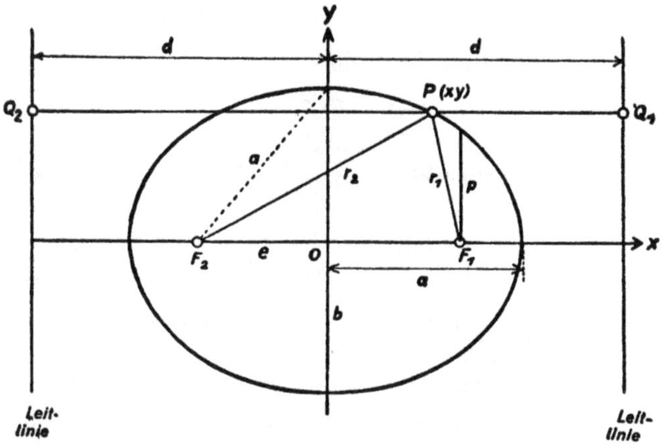

Abb. 59

In bezug auf die Leitlinien ist

$$\frac{F_1 P}{P Q_1} = \varepsilon = \frac{F_2 P}{P Q_2},$$

woraus folgt: $d = \dfrac{a^2}{e}$·

Der Flächeninhalt der Ellipse ist

$$F = a\, b\, \pi.$$

c) Gleichung der Tangente im Punkt P_0 $(x_0\, y_0)$ der Ellipse:

$$\frac{x_0 x}{a^2} + \frac{y_0 y}{b^2} = 1.$$

d) Gleichung der Polare des Punktes P_1 $(x_1\, y_1)$ in bezug auf die Ellipse:

$$\frac{x_1 x}{a^2} + \frac{y_1 y}{b^2} = 1.$$

e) Bedingung, daß die Gerade $Ax + By + C = 0$

Tangente an die Ellipse ist:

$$A^2a^2 + B^2b^2 - C^2 = 0$$

Berührungspunkt: $x_0 = -\dfrac{A}{C}\,a^2; \quad y_0 = -\dfrac{B}{C}\,b^2;$

f) Bedingungen, daß die Gerade $Ax + By + C = 0$
Polare des Punktes $P_1\ (x_1\ y_1)$ in bezug auf die Ellipse
ist:

$$Cx_1 + Aa^2 = 0 \quad \text{und} \quad Cy_1 + Bb^2 = 0$$

g) Konjugierte Durchmesser der Ellipse (Abb. 60).

Die zu einem Durchmesser parallelen Sehnen werden vom anderen Durchmesser halbiert.

Bilden die konjugierten Durchmesser $Q_0 Q_0' = 2\,a_1$ und $P_0 P_0' = 2b_1$ die Winkel α bzw. β mit der positiven X-Achse der Ellipse, so ist

$$\operatorname{tg}\alpha \cdot \operatorname{tg}\beta = -\frac{b^2}{a^2}\,.$$

Ferner gilt: $\qquad a_1{}^2 + b_1{}^2 = a^2 + b^2.$

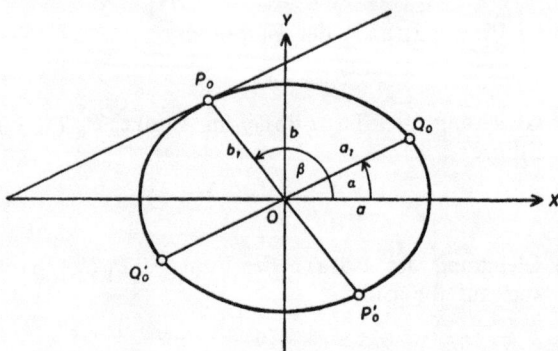

Abb. 60

2. Die Ellipse, bezogen auf Polarkoordinaten r, φ.

a) Ist der Mittelpunkt der Ellipse der Pol und die positive X-Achse die Polarachse, so lautet die Ellipsengleichung

$$r^2 = \frac{b^2}{1 - \varepsilon^2 \cos^2 \varphi}.$$

Bedeutung von ε siehe E 1 b (S. 62).

b) Ist der eine Brennpunkt der Ellipse der Pol und die große Achse der Ellipse die Polarachse, so ist die Gleichung der Ellipse

$$r = \frac{p}{1 \pm \varepsilon \cos \varphi}.$$

Bedeutung von p und ε siehe E 1 b (S. 62). — Das positive oder negative Zeichen ist zu nehmen, je nachdem die Polarachse vom Brennpunkt zum nächstgelegenen Scheitel der Ellipse hin oder entgegengesetzt gerichtet ist.

3. Die Ellipse in Parameterdarstellung.

Nach der Abb. 61 ist

$$x = a \cdot \cos u$$
$$y = b \cdot \sin u$$

[u heißt „Parameter"*)]

Daraus folgt

$$\left(\frac{x}{a}\right)^2 + \left(\frac{y}{b}\right)^2 = 1,$$

also wieder die Ellipsengleichung (E 1 a S. 62).

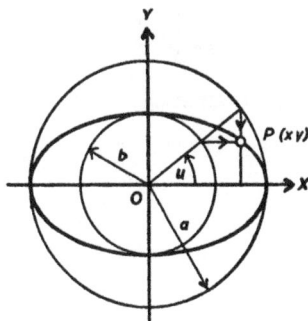

Abb. 61

---

*) Hier ist der Parameter u eine veränderliche und im allgemeinen Sinne gebrauchte Größe Vgl dagegen p in E 1 b (S 62!)

4. Die Ellipse in der „Parallel-Lage": Der Mittelpunkt der Ellipse ist $M\,(m, n)$; die Hauptachsen $2a$ und $2b$ der Ellipse laufen parallel zu den Koordinatenachsen X und Y.

a) Gleichung der Ellipse:

$$\frac{(x-m)^2}{a^2} + \frac{(y-n)^2}{b^2} = 1.$$

b) Tangente im Punkt $x_0\,y_0$ der Ellipse:

$$\frac{(x_0-m)\,(x-m)}{a^2} + \frac{(y_0-n)\,(y-n)}{b^2} = 1.$$

c) Gleichung der Polare des Punktes $P_1\,(x_1\,y_1)$ in bezug auf die Ellipse:

$$\frac{(x_1-m)\,(x-m)}{a^2} + \frac{(y_1-n)\,(y-n)}{b^2} = 1.$$

F. Die Hyperbel

1. Die Hyperbel, bezogen auf ihre Hauptachsen $2a$ und $2b$ als Koordinatenachsen (Abb. 62).

a) Gleichung der Hyperbel:

$$\frac{x^2}{a^2} - \frac{y^2}{b^2} = 1 \quad \text{(Mittelpunktsgleichung)}.$$

Ist $a = b$, so heißt die Hyperbel gleichseitig und hat die Gleichung

$$x^2 - y^2 = a^2.$$

Die Gleichung der konjugierten Hyperbel (gestrichelte Kurve in Abb. 62) lautet

$$\frac{y^2}{b^2} - \frac{x^2}{a^2} = 1.$$

b) Für die lineare Exzentrizität $O\,F_1 = O\,F_2 = e$ gilt

$$e^2 = a^2 + b^2.$$

$\varepsilon = \dfrac{e}{a}$ ist die numerische Exzentrizität der Hyperbel; es

ist $\varepsilon > 1$.

$p = \dfrac{b^2}{a}$ heißt der Parameter der Hyperbel = Ordinate in F_1

(Abb. 62).

Für die Brennstrahlen $F_1 P = r_1$ und $F_2 P = r_2$ nach einem Hyperbelpunkt $P\,(x\,y)$ gilt $r_2 - r_1 = 2\,a$.

In bezug auf die Leitlinien ist:

$$\frac{F_1\,P}{P\,Q_1} = \varepsilon = \frac{F_2\,P}{P\,Q_2},$$

woraus folgt: $d = \dfrac{a^2}{e}$ (Siehe Abb. 62).

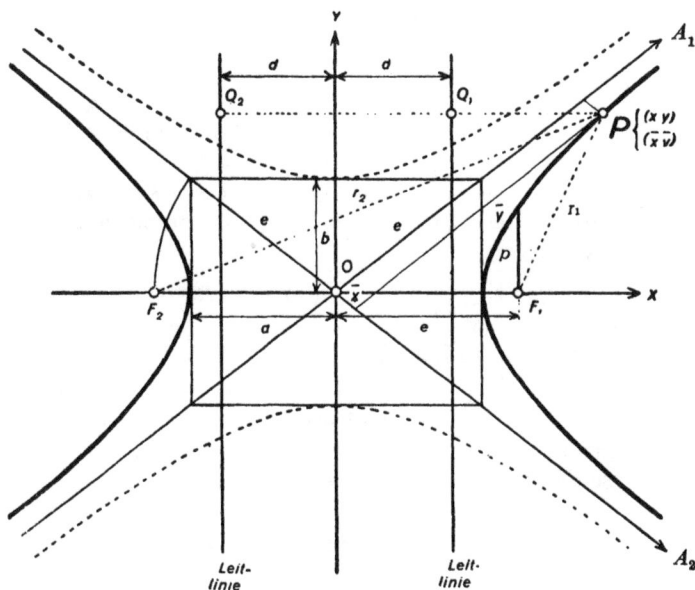

Abb. 62

c) Gleichungen der Asymptoten A_1 und A_2 der Hyperbel:

$$A_1: \quad \frac{y}{x} = \frac{b}{a}; \qquad A_2: \quad \frac{y}{x} = -\frac{b}{a}.$$

d) Gleichung der Tangente im Punkt $P_0\,(x_0\,y_0)$ der Hyperbel:

$$\frac{x_0 x}{a^2} - \frac{y_0 y}{b^2} = 1.$$

e) Gleichung der Polare des Punktes $P_1\,(x_1\,y_1)$ in bezug auf die Hyperbel:

$$\frac{x_1 x}{a^2} - \frac{y_1 y}{b^2} = 1.$$

f) Bedingung, daß die Gerade $Ax + By + C = 0$ Tangente an die Hyperbel ist:

$$A^2 a^2 - B^2 b^2 - C^2 = 0$$

Berührungspunkt: $\quad x_0 = -\dfrac{A}{C}\,a^2; \qquad y_0 = \dfrac{B}{C}\,b^2$

g) Bedingungen, daß die Gerade $Ax + By + C = 0$ Polare des Punktes $P_1\,(x_1\,y_1)$ in bezug auf die Hyperbel ist:

$$Cx_1 + Aa^2 = 0 \quad \text{und} \quad Cy_1 - Bb^2 = 0.$$

h) Konjugierte Durchmesser der Hyperbel (Abb. 63).

Die zu einem Durchmesser parallelen Sehnen werden vom andern Durchmesser halbiert. Bilden die konjugierten Durchmesser $P_0 P_0' = 2a_1$ und $Q_0 Q_0' = 2b_1$ mit der positiven X-Achse die Winkel α und β, so ist

$$\operatorname{tg} \alpha \cdot \operatorname{tg} \beta = \frac{b^2}{a^2}.$$

Ferner ist: $\qquad\qquad a_1^2 - b_1^2 = a^2 - b^2.$

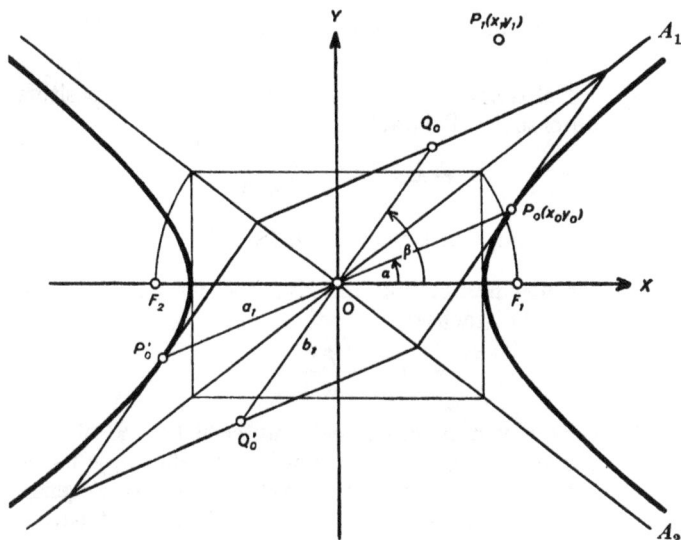

Abb 63

2. Die Hyperbel, bezogen auf ihre Asymptoten als Koordinatenachsen.

Hat ein Punkt P der Hyperbel die Koordinaten $\bar{x}$ und $\bar{y}$ in bezug auf das schiefwinklige Koordinatensystem A_2A_1 (siehe Abb. 62), so lautet die Hyperbelgleichung

$$\bar{x}\,\bar{y} = \frac{e^2}{4} \cdot$$

Bedeutung von e siehe F 1 b (S. 67).

Im Fall der gleichseitigen Hyperbel (siehe F 1 a S. 66) stehen die Asymptoten A_1 und A_2 aufeinander senkrecht. Die Hyperbelgleichung lautet, weil jetzt $e^2 = 2\,a^2$ ist:

$$\bar{x}\,\bar{y} = \frac{a^2}{2} \cdot$$

Die Gleichung der Tangente im Punkt $P_0\,(\bar{x}_0\,\bar{y}_0)$ ist

$$\bar{y}_0\,\bar{x} + \bar{x}_0\,\bar{y} = a^2.$$

3. Gleichung der Hyperbel in Polarkoordinaten r, φ.

a) Der Mittelpunkt der Hyperbel ist Pol, die positive X-Achse ist Polarachse:

$$r^2 = -\frac{b^2}{1 - \varepsilon^2 \cos^2 \varphi}.$$

Bedeutung von ε siehe F 1 b (S. 67).

b) Der eine Brennpunkt der Hyperbel ist Pol, die reelle Achse Polarachse:

$$r = \frac{p}{1 \pm \varepsilon \cos \varphi}.$$

Bedeutung von p und ε siehe unter F 1 b (S. 67). — Das positive oder negative Zeichen ist zu nehmen, je nachdem die Polarachse vom Brennpunkt zum nächstgelegenen Hyperbelscheitel hin oder entgegengesetzt gerichtet ist.

4. Die Hyperbel in der „Parallel-Lage": Der Mittelpunkt der Hyperbel ist M (m, n); die Hauptachsen $2a$ und $2b$ sind parallel zu den Koordinatenachsen.

a) Gleichung der Hyperbel:

$$\frac{(x - m)^2}{a^2} - \frac{(y - n)^2}{b^2} = 1.$$

b) Gleichung der Tangente im Punkt $x_0\, y_0$ der Hyperbel

$$\frac{(x_0 - m)\,(x - m)}{a^2} - \frac{(y_0 - n)\,(y - n)}{b^2} = 1.$$

c) Gleichung der Polare des Punktes P_1 $(x_1\, y_1)$ in bezug auf die Hyperbel:

$$\frac{(x_1 - m)\,(x - m)}{a^2} - \frac{(y_1 - n)\,(y - n)}{b^2} = 1.$$

G. Die Parabel

1. Die Parabel, bezogen auf ihre Achse und ihre Scheiteltangente als Koordinatenachsen.

a) Gleichung der Parabel:

$$y^2 = 2\,p\,x;$$

dabei ist p der Parameter der Parabel.

b) Für jeden Parabelpunkt ist (siehe Abb. 64)

$$PF = PQ;$$

also gilt für den Brennstrahl
$$PF = r$$

$$r = \frac{p}{2} + x.$$

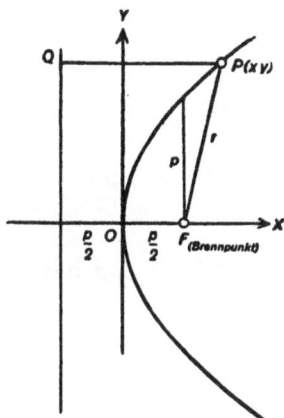

Abb. 64

c) Gleichung der Tangente im Punkt $P_0\,(x_0\,y_0)$ der Parabel:

$$y_0 y = p\,(x_0 + x).$$

d) Gleichung der Polare des Punktes $P_1\,(x_1\,y_1)$ in bezug auf die Parabel:

$$y_1 y = p\,(x_1 + x).$$

e) Bedingung, daß die Gerade $Ax + By + C = 0$ Tangente an die Parabel ist:

$$B^2 p - 2\,AC = 0$$

Berührungspunkt: $x_0 = \dfrac{C}{A}; \quad y_0 = -\dfrac{B}{A}\,p$

f) Bedingungen, daß die Gerade $Ax + By + C = 0$ Polare zu $P_1\,(x_1 y_1)$ in bezug auf die Parabel ist:

$$Ax_1 - C = 0 \quad \text{und} \quad Ay_1 + Bp = 0.$$

g) **Konjugierte Richtungen.**

Zu der durch die Gerade $y = \operatorname{tg} a \cdot x$ bestimmten Richtung ist der Parabel„durchmesser" $y = p \cdot \operatorname{cotg} a$ konjugiert.

2. Gleichung der Parabel in Polarkoordinaten r, φ.

Der Brennpunkt der Parabel ist Pol, die Parabelachse Polarachse:

$$r = \frac{p}{1 \pm \cos\varphi}.$$

Je nachdem die Polarachse vom Brennpunkt zum Scheitel hin oder entgegengesetzt gerichtet ist, muß das positive oder negative Zeichen genommen werden.

3. Die Parabel in „Parallel-Lage": Die Parabelachse ist parallel zur X-Achse, der Parabelscheitel hat die Koordinaten m, n.

a) Gleichung der Parabel:

$$(y - n)^2 = 2p\,(x - m).$$

b) Gleichung der **Tangente** im Punkt $P_0\,(x_0\,y_0)$ der Parabel:

$$(y_0 - n)\,(y - n) = p\,(x_0 + x - 2\,m).$$

c) Gleichung der **Polare** des Punktes $P_1\,(x_1\,y_1)$ in bezug auf die Parabel:

$$(y_1 - n)\,(y - n) = p\,(x_1 + x - 2\,m).$$

H. Allgemeine Kegelschnittsgleichung

1. Liegt ein Kegelschnitt (Ellipse, Hyperbel, Parabel) beliebig zu den Koordinatenachsen X, Y, so lautet seine Gleichung:

$$A\,x^2 + B\,xy + C\,y^2 + D\,x + E\,y + F = 0.$$

Diese Gleichung stellt, wenn ihr überhaupt reelle Werte x, y genügen, für den Fall, daß $A = C$ und $B = 0$ ist, einen **Kreis** dar;

ist

$$B^2 - 4\,AC \lessgtr 0, \text{ so liegt eine } \begin{cases} \text{Ellipse} \\ \text{Parabel} \\ \text{Hyperbel} \end{cases} \text{vor.}$$

Ist $F = 0$, dann geht der Kegelschnitt durch den Ursprung 0;

ist $B = 0$, dann hat die Kurve „Parallel-Lage" (vgl. S. 66, 4 bzw. S. 70, 4 bzw. S. 72, 3);

für $B = 0$ und $E = 0$ liegt sie symmetrisch zur X-Achse;

im Falle $B = 0$ und $D = 0$ liegt sie symmetrisch zur Y-Achse;

wenn $B = 0, D = 0$ und $E = 0$ ist, dann liegt die „Mittelpunktsgleichung" der Kurve vor (vgl. S. 62, 1a bzw. S. 66, 1a);

ist $B = 0$, $E = 0$ und $F = 0$, so hat der Kegelschnitt „Scheitellage", d. h.

die X-Achse ist Symmetrielinie, der Ursprung ist ein Kurvenpunkt und zwar ein Scheitel;

die Y-Achse ist dann Scheiteltangente (vgl. G 1 S. 71).

2. Transformation der allgemeinen Kegelschnittsgleichung (K.Gl.) auf Parallel-Lage.

Durch Einsetzen von

$$x = \frac{\bar{x} - k\,\bar{y}}{\sqrt{1 + k^2}} \text{ und } y = \frac{k\,\bar{x} + \bar{y}}{\sqrt{1 + k^2}}$$

mit

$$k = \frac{1}{B}\left(\sqrt{(A - C)^2 + B^2} - (A - C)\right)$$

und Ordnen der Glieder geht die K.Gl. über in

$$\bar{A}\bar{x}^2 + \bar{C}\bar{y}^2 + \bar{D}\bar{x} + \bar{E}\bar{y} + \bar{F} = 0.$$

Diese Gleichung stellt den Kegelschnitt in seiner Parallel-Lage zu einem System $\overline{X}\,\overline{Y}$ dar (vgl. 1.), das mit dem System XY ursprungsgleich ist und mit ihm den Winkel $\delta = \text{arctg } k$ bildet (siehe dazu Abb. 49 auf S. 58).

VI. Differentialrechnung

Im folgenden sind unter den Zahlen reelle Zahlen, unter Funktionen eindeutige reelle Funktionen einer reellen Veränderlichen zu verstehen.

Mit $\sqrt{A}$ ist immer $+\sqrt{A}$ gemeint.

A. Grenzwert

1. Erklärung: Eine unendliche Folge reeller Zahlen

$$a_0, a_1, a_2, \ldots \ldots a_n, \ldots$$

hat einen Grenzwert a, geschrieben $\lim\limits_{n \to \infty} a_n = a$, wenn die Zahlen a_n der Zahl a für hinreichend große Werte von n beliebig nahe kommen und von n ab innerhalb der erreichten Nähe bleiben;

geometrisch dargestellt: wenn nach Annahme jeder noch so kleinen Umgebung von a (Intervall von $a - \varepsilon$ bis $a + \varepsilon$) alle Zahlen a_n von einem gewissen n ab in diese Umgebung fallen;

Abb. 65

genau ausgedrückt: wenn es zu jeder (noch so kleinen) Zahl ε eine Zahl n gibt, so daß

$$|a_\nu - a| < \varepsilon \text{ für alle } \nu \geq n.$$

Eine Folge heißt konvergent, wenn sie einen Grenzwert hat, divergent, wenn sie keinen Grenzwert hat.

2. Wichtige Grenzwerte:

$$\lim_{n \to \infty} \frac{1}{n} = 0 \; ; \qquad \lim_{n \to \infty} \frac{n}{n+p} = 1 \; (p \text{ feste positive Zahl}) \, ;$$

$$\lim_{n \to \infty} \sqrt[n]{p} = 1 \; ;$$

$$\lim_{n \to \infty} p^n = \begin{cases} 0 \text{ für } p < 1 \\ 1 \text{ für } p = 1 \end{cases} ; \; \text{für } p > 1 \text{ divergiert die Folge}$$

$$p, p^2, p^3, \ldots ;$$

$$\lim_{n \to \infty} \sqrt[n]{n} = 1 \; ; \qquad \lim_{n \to \infty} \frac{n}{p^n} = 0 \text{ für } p > 1.$$

3. Eine unendliche Folge heißt **monoton zunehmend** oder **monoton abnehmend**, wenn für alle n

$$a_{n+1} > a_n \text{ bzw. } a_{n+1} < a_n.$$

Eine monoton zunehmende Folge, deren Zahlen unter einer oberen Schranke bleiben, hat einen Grenzwert.

Eine monoton abnehmende Folge, deren Zahlen über einer unteren Schranke bleiben, hat einen Grenzwert.

4. **Konvergenzkriterium von Cauchy:** Eine unendliche Folge $a_0, a_1, a_2, \ldots$ hat einen Grenzwert, wenn für jedes (beliebig kleine) ε

$$|a_p - a_q| < \varepsilon$$

für alle p, q von einer gewissen Größe ab.

Unendliche Folgen können zur Darstellung irrationaler Zahlen verwendet werden; z. B.

$$e = 2,71828\ldots = \lim_{n \to \infty} \left(1 + \frac{1}{n}\right)^n \text{ (Euler; vgl. S. 10 u. 78).}$$

5. Grenzwert einer Funktion.

Wenn eine Veränderliche x die Werte einer gegen a konvergenten Folge $x_0, x_1, x_2, \ldots$ annimmt, schreibt man $x \to a$ („x gegen a").

Erklärung: Eine Funktion $f(x)$ der stetigen Veränderlichen x hat für $x \to a$ einen Grenzwert g, geschrieben $\lim\limits_{x \to a} f(x) = g$, wenn für alle Folgen $x_0, x_1, x_2, \ldots$, die gegen a konvergieren, die Folge der Funktionswerte $f(x_0), f(x_1), f(x_2), \ldots$ gegen g konvergiert.

Wichtige Funktions-Grenzwerte: siehe Seite 85 F, b.

Eine Funktion heißt stetig an der Stelle $x = a$, wenn $\lim\limits_{x \to a} f(x) = f(a)$.

B. Differentiationsregeln

1. Sind u und v Funktionen einer Veränderlichen x und ist c ein (nicht notwendig positiver) Festwert (eine Konstante), so gilt:

a) $\dfrac{d\,(u_{(\pm)}v)}{dx} = \dfrac{du}{dx}_{(\pm)}\dfrac{dv}{dx} = u'_{(\pm)}v'$

b) $\dfrac{d\,(u\,v)}{dx} = u\,\dfrac{dv}{dx} + v\,\dfrac{du}{dx} = uv' + vu'$

c) $\dfrac{dc}{dx} = 0.$

Aus a), b) und c) folgen:

d) $\dfrac{d\,(u+c)}{dx} = u'$

e) $\dfrac{d\,(c\,u)}{dx} = c \cdot u'$

f) $\dfrac{d\left(\dfrac{u}{v}\right)}{dx} = \dfrac{v\,\dfrac{du}{dx} - u\,\dfrac{dv}{dx}}{v^2} = \dfrac{vu' - uv'}{v^2}, \ v \neq 0.$

2. Ist $y = F(u)$ und $u = f(x)$, so ist

$$\frac{dy}{dx} = \frac{dy}{du}\frac{du}{dx} \quad \text{(Kettenregel).}$$

3. Sind die Veränderlichen x und y als Funktionen eines Parameters t gegeben durch

$$x = \varphi(t) \qquad \left(\frac{dx}{dt} \neq 0\right),$$
$$y = \psi(t),$$

so ist

a) $\dfrac{dy}{dx} = \dfrac{\dfrac{dy}{dt}}{\dfrac{dx}{dt}}$ \quad\quad b) $\dfrac{d^2y}{dx^2} = \dfrac{\dfrac{d^2y}{dt^2}\dfrac{dx}{dt} - \dfrac{d^2x}{dt^2}\dfrac{dy}{dt}}{\left(\dfrac{dx}{dt}\right)^3}$.

c) Insbesondere ergibt sich für $t = y$ und $\dfrac{dx}{dy} \neq 0$:

$$\frac{dy}{dx} = \frac{1}{\dfrac{dx}{dy}} = y' \quad \text{und} \quad \frac{d^2y}{dx^2} = -\frac{\dfrac{d^2x}{dy^2}}{\left(\dfrac{dx}{dy}\right)^3} = y''.$$

4. Ableitung einer unentwickelten Funktion.

$$f(x, y) = 0:$$

Sind $\dfrac{\partial f}{\partial x}$ und $\dfrac{\partial f}{\partial y}$ die partiellen Ableitungen der Funktion

$f(x, y) = 0$ nach x und y, dann ist $\dfrac{dy}{dx} = y' = -\dfrac{\dfrac{\partial f}{\partial x}}{\dfrac{\partial f}{\partial y}}$.

C. Die Ableitungen der einfachsten Funktionen

1. $\dfrac{d\,(x^n)}{dx} = nx^{n-1},$

    $x > 0$

8. $\dfrac{d\,(\text{arc sin } x)}{dx} = \dfrac{1}{\sqrt{1-x^2}},$ *)

    $x^2 < 1$

2. $\dfrac{d\,(\sin x)}{dx} = \cos x$

9. $\dfrac{d\,(\text{arc cos } x)}{dx} = -\dfrac{1}{\sqrt{1-x^2}},$ *)

    $x^2 < 1$

3. $\dfrac{d\,(\cos x)}{dx} = -\sin x$

10. $\dfrac{d\,(\text{arc tg } x)}{dx} = \dfrac{1}{1+x^2}$ *)

4. $\dfrac{d\,(\text{tg } x)}{dx} = \dfrac{1}{\cos^2 x}$

11. $\dfrac{d\,(\text{arc cotg } x)}{dx} = -\dfrac{1}{1+x^2}$ *)

5. $\dfrac{d\,(\text{cotg } x)}{dx} = -\dfrac{1}{\sin^2 x}$

12. $\dfrac{d\,(e^x)}{dx} = e^x$

6. $\dfrac{d\,(\ln x)}{dx} = \dfrac{1}{x},\ x > 0$

13. $\dfrac{d\,(a^x)}{dx} = a^x \ln a,\ a > 0$

7. $\dfrac{d\,(^a\!\log x)}{dx} = \dfrac{1}{x \ln a},\ x > 0$

Hiebei ist $^a\!\log x$ der Logarithmus von x ($x > 0$) für die positive, von 1 verschiedene Grundzahl a, ln x ist der natürliche Logarithmus von x für die Grundzahl $e = 2{,}71828 \ldots$.

D. Anwendungen der Differentialrechnung

1. Anwendungen auf die Geometrie.

a) Ist eine Kurve $y = f(x)$ gegeben und bildet die Tangente in einem Punkte $P_1(x_1, y_1)$ der Kurve mit der X-Achse den

---

*) Bei den Arcusfunktionen ist immer der Hauptwert gemeint;

d h $-\dfrac{\pi}{2} \leqq \text{arc sin} \leqq +\dfrac{\pi}{2};\ 0 \leqq \text{arc cos} \leqq +\pi$

$-\dfrac{\pi}{2} < \text{arc tg} < +\dfrac{\pi}{2}; -\dfrac{\pi}{2} < \text{arc cotg} < +\dfrac{\pi}{2},$

(vgl. III F, 3 S. 50).

Winkel φ_1, ist ferner $\left(\dfrac{dy}{dx}\right)_1$ der Wert des ersten Differen-

tialquotienten, $\left(\dfrac{d^2y}{dx^2}\right)_1$ der des zweiten Differentialquotien-

ten, gebildet für die Stelle x_1, y_1, so ist:

a) $\qquad \operatorname{tg}\varphi_1 = \left(\dfrac{dy}{dx}\right)_1.$

b) Gleichung der Tangente im Punkte $P_1(x_1, y_1)$ der Kurve

$$\frac{y-y_1}{x-x_1} = \left(\frac{dy}{dx}\right)_1.$$

c) Gleichung der Normale im Punkte $P_1(x_1, y_1)$ der Kurve:

$$\frac{y-y_1}{x-x_1} = -\frac{1}{\left(\dfrac{dy}{dx}\right)_1}, \quad \text{wenn } \left(\frac{dy}{dx}\right)_1 \neq 0.$$

d) Krümmungsradius ϱ im Punkte $P(x, y)$ der Kurve:

$$\varrho = \frac{\left[1 + \left(\dfrac{dy}{dx}\right)^2\right]^{\frac{3}{2}}{}^{*)}}{\left(\dfrac{d^2y}{dx^2}\right)}, \quad \text{wenn } \left(\frac{d^2y}{dx^2}\right) \neq 0.$$

Krümmung (Krümmungsmaß) $K = \dfrac{1}{\varrho}.$

Koordinaten des Krümmungs-Mittelpunktes $M(\mu, \nu)$:

$$\mu = x - \frac{y'(1+y'^2)}{y''}; \quad \nu = y + \frac{1+y'^2}{y''}$$

2. Hoch- und Tiefwerte (Maxima und Minima) einer Funktion einer Veränderlichen.

Die Hoch- und Tiefwerte der Funktion
$$y = f(x)$$
treten nur für diejenigen Werte der Veränderlichen x ein, welche der Gleichung

*) ϱ kann auch negativ sein.

$$\frac{d f(x)}{d x} = f'(x) = 0$$

genügen. Um zu entscheiden, ob ein Hoch- oder ein Tiefwert vorliegt, ist der 2. Differentialquotient $f''(x)$ für diese Werte von x zu bilden. Man hat dann

einen Hochwert, wenn $f''(x)$ negativ ist,

einen Tiefwert, wenn $f''(x)$ positiv ist.

Für die Kurve $y = f(x)$ geben die Hoch- und Tiefwerte die Stellen an, in denen die Tangente zur X-Achse parallel ist.

3. Wendepunkte einer Kurve.

Ist an einer Stelle der Kurve $y = f(x)$ der 2. Diff.-Q. $f''(x) = 0$, jedoch der 3. Diff.-Q. $f'''(x) \neq 0$ (nicht gleich 0), so hat die Kurve an dieser Stelle einen Wendepunkt.

Die Werte der Diff.-Q. an einer Stelle bestimmen das Verhalten der Kurve. Ist

$y' = \dfrac{dy}{dx}$	$y'' = \dfrac{d^2y}{dx^2}$	dann ist (hat) die Kurve an dieser Stelle	Kurvenbild
$+$	$+$	steigend konkav	
$+$	$-$	steigend konvex	
$-$	$+$	fallend konkav	
$-$	$-$	fallend konvex	
0	$+$	ein Minimum	
0	$-$	ein Maximum	
	0	Wendepunkt	
0	0	Wendepunkt mit horizontaler Tangente	

4. Newtons Näherungsverfahren,

Ist x_1 ein angenäherter Wurzelwert der Gleichung $f(x) = 0$ und h die Verbesserung, also $x_w = x_1 + h$ ein neuer verbesserter Wurzelwert, dann ist $h = -\dfrac{f(x_1)}{f'(x_1)}.$ *)

5. Anwendungen auf die Mechanik.

a) Bewegung eines Punktes auf der X-Achse; t ist die Zeit.

$$\text{Geschwindigkeit } v = \frac{dx}{dt}$$

$$\text{Beschleunigung } b = \frac{dv}{dt} = \frac{d^2 x}{dt^2}$$

b) Bewegung eines Punktes auf einer Kurve in der XY-Ebene.

Die rechtwinkligen Koordinaten x, y des bewegten Punktes sind als Funktionen der Zeit t gegeben; ds ist das Längenelement der Bahn. Die Geschwindigkeit v fällt in die Richtung der Bahntangente. Es ist dann die

$$\text{Geschwindigkeit } v = \frac{ds}{dt} = \sqrt{\left(\frac{dx}{dt}\right)^2 + \left(\frac{dy}{dt}\right)^2}.$$

Die Beschleunigung b läßt sich in eine Komponente b_t in Richtung der Tangente und eine Komponente b_n in Richtung der Normale zerlegen. Ist ϱ der Krümmungsradius, so wird die

$$\text{Beschleunigung } b = \sqrt{\left(\frac{d^2 x}{dt^2}\right)^2 + \left(\frac{d^2 y}{dt^2}\right)^2},$$

$$\text{Tangentialbeschleunigung } b_t = \frac{dv}{dt} = \frac{d^2 s}{dt^2},$$

$$\text{Normalbeschleunigung } b_n = \frac{v^2}{\varrho}.$$

---

*) Siehe auch I, 6 S. 21.

E. Unendliche Reihen

1. Kennzeichen der Konvergenz.

Unter $|a|$ versteht man den absoluten Betrag der Zahl a.

a) Ist

$$u_0 + u_1 + u_2 + \dots$$

eine Reihe mit positiven und negativen Gliedern, so konvergiert diese Reihe sicher, wenn die Reihe der absoluten Beträge

$$|u_0| + |u_1| + |u_2| + \dots$$

konvergiert.

b) Eine Reihe mit lauter positiven Gliedern

$$u_0 + u_1 + u_2 + u_3 + \dots$$

konvergiert, wenn $\lim\limits_{n \to +\infty} \dfrac{u_{n+1}}{u_n} < 1$; sie

divergiert, wenn $\lim\limits_{n \to +\infty} \dfrac{u_{n+1}}{u_n} > 1$ *).

c) Eine Reihe, deren Glieder abwechselnd positiv und negativ sind (alternierende Reihe),

$$u_0 - u_1 + u_2 - u_3 + \dots$$

konvergiert, wenn von einem gewissen n ab

$$u_{n+1} < u_n \quad \text{und} \quad \lim_{n \to \infty} |u_n| = 0.$$

2. Die Taylorsche und die Maclaurinsche Reihe.

a) $f(x + h) = f(x) + \dfrac{h}{1!} f'(x) + \dfrac{h^2}{2!} f''(x) + \dots$

(Taylorsche Reihe).

b) $f(x) = f(0) + \dfrac{x}{1!} f'(0) + \dfrac{x^2}{2!} f''(0) + \dots$

(Maclaurinsche Reihe).

---

*) Ist $\lim\limits_{n \to +\infty} \dfrac{u_{n+1}}{u_n} = 1$, dann ist auf diese Weise keine Entscheidung möglich

3. Entwicklung einiger Funktionen in Potenz-
reihen.

a) Geometrische Reihe:

$$\frac{1}{1-x} = 1 + x + x^2 + x^3 + \ldots + x^n + \ldots;$$

Konvergenzbedingung

$$-1 < x < +1 \quad \text{d. h.} \ \big|\, x \,\big| < 1.$$

b) Exponentialreihe:

$$e^x = 1 + \frac{x}{1!} + \frac{x^2}{2!} + \frac{x^3}{3!} + \ldots + \frac{x^n}{n!} + \ldots;$$

$$-\infty < x < +\infty,$$

wobei $n! = 1 \cdot 2 \cdot 3 \cdot \ldots \cdot n$.

c) Sinusreihe:

$$\sin x = x - \frac{x^3}{3!} + \frac{x^5}{5!} - \frac{x^7}{7!} + \ldots + (-1)^n \frac{x^{2n+1}}{(2n+1)!} + \ldots;$$

$$-\infty < x < +\infty.$$

d) Cósinusreihe:

$$\cos x = 1 - \frac{x^2}{2!} + \frac{x^4}{4!} - \frac{x^6}{6!} + \ldots + (-1)^n \frac{x^{2n}}{(2n)!} + \ldots;$$

$$-\infty < x < +\infty.$$

e) Logarithmische Reihe:

$$\ln(1+x) = x - \frac{x^2}{2} + \frac{x^3}{3} - \frac{x^4}{4} + \ldots + (-1)^{n-1} \frac{x^n}{n} + \ldots;$$

$$-1 < x \leqq +1.*)$$

---

*) Zur Berechnung des Logarithmus einer pos. ganzen Zahl z
dient die Reihe $\ln z = \ln \dfrac{1+x}{1-x} = 2 \cdot \left[\dfrac{x}{1} + \dfrac{x^3}{3} + \dfrac{x^5}{5} + \ldots \right], |x| < 1,$
worin $x = \dfrac{z-1}{z+1}$ zu setzen ist.

6*

f) Binomialreihe: m sei eine beliebige reelle Zahl

$$(1 + x)^m = 1 + \binom{m}{1} x + \binom{m}{2} x^2 - \ldots + \binom{m}{n} x^n + \ldots;$$
$$-1 < x < +1.$$

g) Arcustangensreihe: *)

$$\operatorname{arc\,tg} x = \frac{x}{1} - \frac{x^3}{3} + \frac{x^5}{5} - \frac{x^7}{7} + \ldots + (-1)^n \frac{x^{2n+1}}{2n+1} + \ldots;$$
$$-1 \leqq x \leqq +1.$$

Für $x = 1$ folgt: $\operatorname{arc\,tg} 1 = \dfrac{\pi}{4}$, also

$$\frac{\pi}{4} = 1 - \frac{1}{3} + \frac{1}{5} - \frac{1}{7} + \ldots \text{ (Leibnizsche Reihe)}.$$

(Praktisch unbrauchbar, da 300 Glieder notwendig, um π auf 2 Dezimalen genau zu erhalten!)

Eine wesentlich besser (schneller) konvergierende Reihe für π wird erhalten durch die Beziehung:

$$\frac{\pi}{4} = \operatorname{arc\,tg} \frac{1}{2} + \operatorname{arc\,tg} \frac{1}{5} + \operatorname{arc\,tg} \frac{1}{8}, \text{ folglich:}$$

$$\frac{\pi}{4} - \frac{1}{2} - \frac{1}{3 \cdot 2^3} + \frac{1}{5 \cdot 2^5} - \frac{1}{7 \cdot 2^7} + - \ldots$$

$$+ \frac{1}{5} - \frac{1}{3 \cdot 5^3} + \frac{1}{5 \cdot 5^5} - \frac{1}{7 \cdot 5^7} + - \ldots$$

$$+ \frac{1}{8} - \frac{1}{3 \cdot 8^3} + \frac{1}{5 \cdot 8^5} - \frac{1}{7 \cdot 8^7} + - \ldots$$

(Reihe von Schulz, Wien 1850).

4. Aus 3, b)—d) folgen die in I G, 5 S. 18 angegebenen sog. Euler'schen Gleichungen. Aus ihnen ergibt sich:

$$e^{2ix} = \frac{\cos x + i \sin x}{\cos x - i \sin x} = \frac{1 + i \operatorname{tg} x}{1 - i \operatorname{tg} x};$$

---

*) Vgl Seite 50 ff, III F

oder $2ix = \ln \dfrac{1+i\,\mathrm{tg}\,x}{1-i\,\mathrm{tg}\,x}$; wird hierin $x = \dfrac{\pi}{4}$,

so ergibt sich $\dfrac{2\pi i}{4} = \ln \dfrac{1+i}{1-i}$ [„Schellbach'sche Zauberformel"]

F. Grenzwertermittlung unbestimmter Ausdrücke

$$\frac{0}{0} \text{ und } \frac{\infty}{\infty}.$$

a) Nimmt eine gebrochene Funktion $\dfrac{\varphi(x)}{\psi(x)}$ für $x = a$ die Form $\dfrac{0}{0}$ oder $\dfrac{\infty}{\infty}$ an, dann ergibt sich in den meisten Fällen der Grenzwert durch einmaliges (nötigenfalls wiederholtes) Differenzieren:

$$\lim_{x \to a} \frac{\varphi(x)}{\psi(x)} = \lim_{x \to a} \frac{\varphi'(x)}{\psi'(x)} = \left(\lim_{x \to a} \frac{\varphi''(x)}{\psi''(x)} = \ldots \right).$$

b) Einige Grenzwerte*):

$$\lim_{x \to 0} \frac{\sin x}{x} = 1; \qquad \lim_{x \to 0} \frac{1-\cos x}{x} = 0;$$

$$\lim_{x \to 0} \frac{e^x - 1}{x} = 1; \qquad \lim_{x \to 0} \frac{e^x - e^{-x}}{x} = 2;$$

$$\lim_{x \to 0} \frac{\ln \cos x}{x} = 0; \qquad \lim_{x \to 0} \frac{a^x - 1}{b^x - 1} = \frac{\ln a}{\ln b};$$

$$\lim_{x \to 0} \frac{a^x - b^x}{x} = \ln \frac{a}{b}.$$

*) Vgl VI A, 2 S 75

VII. Integralrechnung

A. Integrationsregeln

1. Methode der teilweisen (partiellen) Integration.

Sind u und v Funktionen von x, so ist

$$\int u \frac{dv}{dx} dx = uv - \int v \frac{du}{dx} dx \text{ oder } \int u \, dv = uv - \int v \, du.$$

2. Methode der Substitution.

Ist $x = \varphi(t)$, so wird

$$\int f(x) \, dx = \int f(\varphi(t)) \frac{d \varphi(t)}{dt} dt.$$

B. Einfache Integrale

C und c seien irgend welche reelle Zahlen.

1. $\displaystyle\int [f_1(x) _{(\pm)} f_2(x)] \, dx = \int f_1(x) \, dx _{(\pm)} \int f_2(x) \, dx$

2. $\displaystyle\int c \, f(x) \, dx = c \int f(x) \, dx$

3. $\displaystyle\int dx = x + C$

4. $\displaystyle\int x^n \, dx = \frac{x^{n+1}}{n+1} + C, \ n \neq -1$

5. $\displaystyle\int \frac{dx}{x} = \ln x + C, \ x > 0$

6. $\displaystyle\int \sin x \, dx = -\cos x + C$

7. $\int \cos x \, dx = \sin x + C$

8. $\int \operatorname{tg} x \, dx = -\ln \cos x + C = \ln \left(\dfrac{c}{\cos x} \right),$

$$\cos x > 0 \text{ bzw. } \frac{c}{\cos x} > 0$$

9. $\int \operatorname{cotg} x \, dx = \ln \sin x + C = \ln (c \sin x), \; \sin x > 0$

$$\text{bzw. } c \sin x > 0$$

10. $\int \dfrac{dx}{\cos^2 x} = \operatorname{tg} x + C, \; \cos x \neq 0$

11. $\int \dfrac{dx}{\sin^2 x} = -\operatorname{cotg} x + C, \; \sin x \neq 0$

12a) $\int \dfrac{dx}{1 + x^2} = \operatorname{arc} \operatorname{tg} x + C$

12b) $\int \dfrac{dx}{a + bx^2} = \dfrac{1}{\sqrt{ab}} \operatorname{arc} \operatorname{tg} \left(\sqrt{\dfrac{b}{a}} \cdot x \right) + C, \; ab > 0$

13. $\int \dfrac{dx}{x^2 - a^2} = \dfrac{1}{2a} \ln \dfrac{x - a}{x + a} + C; \; x \neq a, \; \dfrac{x - a}{x + a} > 0$

14. $\int \dfrac{dx}{\sqrt{1 - x^2}} = \operatorname{arc} \sin x + C, \; x^2 < 1$

Allgemein: $\int \dfrac{dx}{\sqrt{a^2 - x^2}} = \operatorname{arc} \sin \dfrac{x}{a} + C, \; x^2 < a^2$

15. $\int \dfrac{dx}{\sqrt{x^2 + a^2}} = \ln \left(x + \sqrt{x^2 + a^2} \right) + C$

16. $\int \dfrac{dx}{\sqrt{x^2 - a^2}} = \ln \left(x + \sqrt{x^2 - a^2} \right) + C, \; x > a > 0$

17. $\int \sqrt{a^2 - x^2} \, dx = \dfrac{a^2}{2} \operatorname{arc} \sin \dfrac{x}{a} + \dfrac{x}{2} \sqrt{a^2 - x^2} + C,$

$$a > x > 0 \text{ (Kreis-Integral)}$$

18. $\int \dfrac{dx}{\sqrt{a + 2bx + cx^2}} =$

$= \dfrac{1}{\sqrt{c}} \ln \left(b + cx + \sqrt{c}\,\sqrt{a + 2bx + cx^2}\right) + C,$

$c > 0;\; (a + 2bx + cx^2) > 0$

19. $\int \dfrac{dx}{\sqrt{a + 2bx - cx^2}} = \dfrac{1}{\sqrt{c}} \arcsin \dfrac{cx - b}{\sqrt{b^2 + ac}} + C,$

$c > 0;\; (a + 2bx - cx^2) > 0;\; (b^2 + ac) > 0$

20. $\int \sqrt{x^2 {}_{(\pm)} a^2}\, dx = \dfrac{x}{2} \sqrt{x^2 {}_{(\pm)} a^2} {}_{(\pm)}$

${}_{(\pm)} \dfrac{a^2}{2} \ln \left(x + \sqrt{x^2 {}_{(\pm)} a^2}\right) + C,\; \left(x + \sqrt{x^2 {}_{(\pm)} a^2}\right) > 0$

21. $\int e^x\, dx = e^x + C$

22. $\int a^x\, dx = \dfrac{a^x}{\ln a} + C;\; a > 0,\; a \neq 1$

23. $\int \ln x\, dx = x\,(\ln x - 1)$

24. $\int \sin^n x\, dx = -\dfrac{1}{n} \sin^{n-1} x \cos x + \dfrac{n-1}{n} \int \sin^{n-2} x\, dx + C,$

$n = 2, 3, 4, \ldots$

25. $\int \cos^n x\, dx = \dfrac{1}{n} \cos^{n-1} x \sin x + \dfrac{n-1}{n} \int \cos^{n-2} x\, dx + C$

26. $\int \dfrac{dx}{\sin x} = \ln \operatorname{tg} \dfrac{x}{2} + C, \qquad \operatorname{tg} \dfrac{x}{2} > 0$

27. $\int \dfrac{dx}{\cos x} = -\ln \operatorname{tg} \left(\dfrac{\pi}{4} - \dfrac{x}{2}\right) + C,\; \operatorname{tg} \left(\dfrac{\pi}{4} - \dfrac{x}{2}\right) > 0$

C. Anwendungen auf Geometrie

Gegeben ist eine Kurve $y = f(x)$; F sei der Inhalt der (ebenen) Fläche, die von dieser Kurve, der X-Achse und den zu den Abszissen x_1 und x_2 gehörigen Ordinaten begrenzt wird.

1. Flächeninhalt F.

$$F = \int_{x_1}^{x_2} y\,dx = \int_{x_1}^{x_2} f(x)\,dx$$

2. Rauminhalt von Drehkörpern.

a) Die von der Kurve $y = f(x)$, der X-Achse und den zu den Abszissen x_1 und x_2 gehörigen Ordinaten begrenzte Fläche wird um die X-Achse gedreht. (Abb. 66; der Achsenschnitt des Drehkörpers ist schraffiert.)

$$V = \pi \int_{x_1}^{x_2} y^2\,dx$$

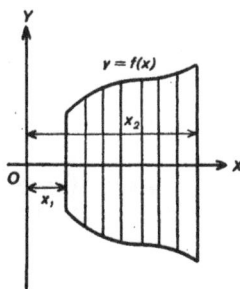

Abb. 66

b) Dieselbe Fläche wird um die Y-Achse gedreht. (Abb. 67.)

$$V = 2\pi \int_{x_1}^{x_2} x\,y\,dx$$

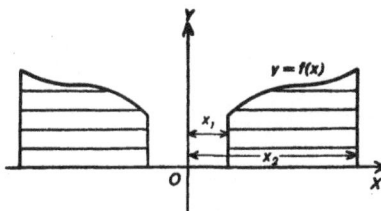

Abb. 67

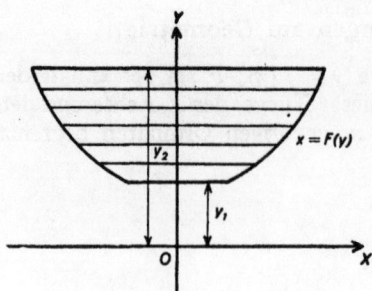

Abb. 68

c) Die Fläche, die von der Kurve $x = F(y)$, der Y-Achse und den zu den Ordinaten y_1 und y_2 gehörigen Loten begrenzt ist, wird um die Y-Achse gedreht (Abb. 68).

$$V = \pi \int\limits_{y_1}^{y_2} x^2 \, dy$$

3. Oberfläche O eines Körpers, der durch Drehung der Kurve $y = f(x)$ um die X-Achse entsteht:

$$O = 2\pi \int\limits_{x_1}^{x_2} y \sqrt{1 + \left(\frac{dy}{dx}\right)^2} \, dx$$

4. Länge des Kurvenbogens, der zwischen den Parallelen $x = x_1$ und $x = x_2$ gelegen ist:

$$s = \int\limits_{x_1}^{x_2} \sqrt{1 + \left(\frac{dy}{dx}\right)^2} \, dx$$

5. Die Koordinaten x_0, y_0 des Schwerpunktes einer (ebenen) Fläche F, welche gleichmäßig mit Masse belegt gedacht wird:

$$F \cdot x_0 = \int\limits_{x_1}^{x_2} x \, y \, dx \qquad F \cdot y_0 = \frac{1}{2} \int\limits_{x_1}^{x_2} y^2 \, dx$$

6. Die Guldinsche Regel für den Rauminhalt eines Drehkörpers:

Der Rauminhalt V_x (V_y) des Körpers, der durch Drehung der Fläche F um die $X(Y)$-Achse entsteht, ist gleich dem Produkt aus der Fläche F und dem Wege des Schwerpunktes der Fläche F, also

$$V_x = 2\,\pi\,y_0 \cdot F$$
$$V_y = 2\,\pi\,x_0 \cdot F.$$

7. Simpsonsche Regel zur näherungsweisen Berechnung einer (ebenen) Fläche F.

Wird die positive Strecke $b - a$ in $2n$ gleiche Teile geteilt und ist y_0 die Ordinate im Punkte $x = a$, y_1 die Ordinate im ersten Teilpunkte, y_2 die Ordinate im zweiten Teilpunkte... und y_{2n} die Ordinate im Punkte $x = b$, so ist angenähert

$$F = \frac{b-a}{6n}\,[(y_0 + y_{2n}) + 4\,(y_1 + y_3 + \ldots + y_{2n-1}) +$$

$$+\,2\,(y_2 + y_4 + \ldots + y_{2n-2})].$$

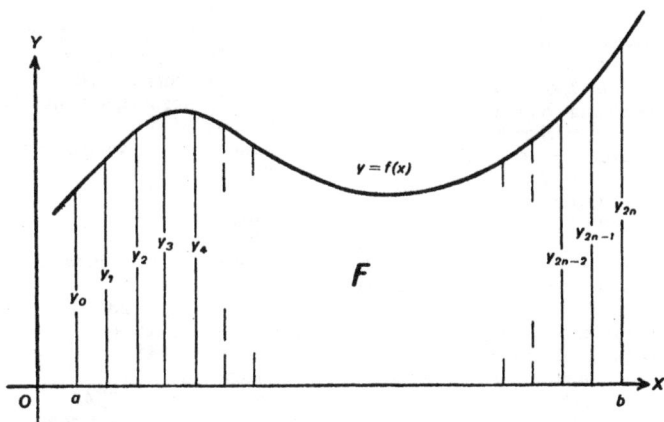

Abb. 69

Sachverzeichnis

Die angegebenen Zahlen beziehen sich auf die Seiten

Die griechischen Buchstaben

$A\,\alpha$	$B\,\beta$	$\Gamma\,\gamma$	$\Delta\,\delta$	$E\,\varepsilon$	$Z\,\zeta$
Alpha	Beta	Gamma	Delta	Epsilon	Zeta
$H\,\eta$	$\Theta\,\vartheta$	$I\,\iota$	$K\,\varkappa$	$\Lambda\,\lambda$	$M\,\mu$
Eta	Theta	Jota	Kappa	Lambda	My
$N\,\nu$	$\Xi\,\xi$	$O\,o$	$\Pi\,\pi$	$P\,\varrho$	$\Sigma\,\sigma$
Ny	Xi	Omikron	Pi	Rho	Sigma
$T\,\tau$	$Y\,\upsilon$	$\Phi\,\varphi$	$X\,\chi$	$\Psi\,\psi$	$\Omega\,\omega$
Tau	Ypsilon	Phi	Chi	Psi	Omega